発見的教授法による数学シリーズ ⑤

立体の
とらえかた

秋山　仁 著
Jin Akiyama

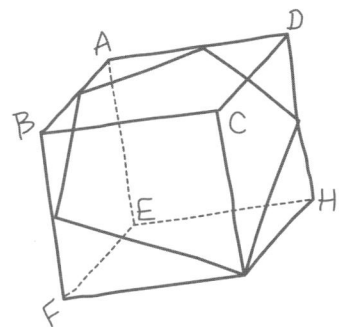

森北出版株式会社

● 本書のサポート情報を当社Webサイトに掲載する場合があります．下記のURLにアクセスし，サポートの案内をご覧ください．

https://www.morikita.co.jp/support/

● 本書の内容に関するご質問は，森北出版 出版部「(書名を明記)」係宛に書面にて，もしくは下記のe-mailアドレスまでお願いします．なお，電話でのご質問には応じかねますので，あらかじめご了承ください．

editor@morikita.co.jp

● 本書により得られた情報の使用から生じるいかなる損害についても，当社および本書の著者は責任を負わないものとします．

■ 本書に記載している製品名，商標および登録商標は，各権利者に帰属します．

■ 本書を無断で複写複製（電子化を含む）することは，著作権法上での例外を除き，禁じられています．複写される場合は，そのつど事前に(一社)出版者著作権管理機構（電話03-5244-5088, FAX03-5244-5089, e-mail：info@jcopy.or.jp）の許諾を得てください．また本書を代行業者等の第三者に依頼してスキャンやデジタル化することは，たとえ個人や家庭内での利用であっても一切認められておりません．

─復刻に際して─

　19世紀を締めくくる最後の年 (1900年) にパリで開かれた第2回国際数学者会議が伝説の会議として語り継がれることとなった．それは，主催国フランスのポアンカレがダーフィット・ヒルベルトに依頼した特別講演が，多くの若き研究者を突き動かし20世紀の新たな数学の研究分野を切り拓く起爆剤となったからだった．『未来を覆い隠している秘密のベールを自分の手で引きはがし，来たるべき20世紀に待ち受けている数学の進歩や発展を一目見てみたいと思わない者が我々の中にいるだろうか？』この聴衆への呼びかけに続けて，ヒルベルトは数学の未来に対する自身の展望を語った後，"20世紀に解かれることを期待する問題"として，23題の未解決問題を提示したのだった．

　良質な問題の発見や，その問題の解決は豊かな知の世界を開拓し続けてきた．そしてひとつの研究分野を拓くような鉱脈ともいうべき良問を見つけ出した時の高揚感や一筋縄では行かない難攻不落と思えた難問が"あるアングルから眺めたとき，いとも簡単に解けてしまう瞬間"に味わえる醍醐味は，まさに"自分の手で秘密のベールを引きはがす喜び"である．そして，それは"ヒルベルトの問題"や研究の最前線のものに限ったことではなく，どのレベルであっても真であると思う．

　数学の教育的側面に目を向けるのなら，そもそも古代ギリシャの時代から，久しい間，数学が学問を志す人々の必修科目とされてきたのは，論理性や思考力を鍛えるための学科として尊ばれてきたからだ．ところが，数学は経済発展とともに大衆化し，受験競争の低年齢化とともに人生の進路を振り分けるための重要な科目と化していった．"思考力を磨くために数学を学ぶ"のではなく，ともすると，"受験で成功するための一環として数学の試験で確実に点数を稼ぐための問題対処法を身につけることが数学の勉強"になっていく傾向が強まった．すなわち，数学の問題に出会ったら，"自分の頭で分析し，どう捉えれば本質が炙り出せるのかという思考のプロセスを辿る"のではなく，"できるだけ沢山の既出の問題と解法のパターンを覚えておいて，問題を見たら解法がどのパターンに当てはまるものなのかだけを判断する．そして，あとは機械的に素早く確実に処理する"ことになっていった．"既出のパターンに当てはまらない問題は，どうせ他の多くの生徒も解けず点数の差はさほどないのだから，そういう問題はハナから捨ててよい"というような受験戦術がまかり通るようになった．この結果，インプットされた解決法で解ける想定内の問題なら処理できるが，まったく新しいタイプの想定外の問題に対しては手も足もまったく出ないという学習者を大量に生む結果ともなったのである．このような現象は数学の現場に限らず，日本の社会のあちこちでも問題視され始めている現象だが，学生時代にキチンと自分の頭で判断し思考するプロセスがおざなりにされてきた結果なのではないだろうか．

復刻に際して

　世界各国，どこの国でも，数学は苦手で嫌いだと言う人が多いのは悲しい事実ではある．しかし，George Polya の「How to Solve It」（邦題「いかにして問題をとくか」柿内賢信訳　丸善出版）や Laurent C. Larson の「Problem-Solving Through Problems (Springer 1983)」（邦題「数学発想ゼミナール」拙訳　丸善出版）がロングセラーであることにも現れているように，欧米の数学教育の本流はあくまでも〝自分の頭で考える〟ことにある．これらの書籍は〝こういう問題はこう解けばいい〟という単なるハウツー本ではなく，数学の問題を解く名人・達人ともいえる人たちが問題に出会ったときに，どんなふうに手懸りをつかみ，どういうところに着眼して難攻不落な問題を手の中に陥落させていくのか，……．そういった名人の持つセンスや目利きとしての勘所ともいえる真髄を紹介し，読者にも彼らのような発想や閃き，センスと呼ばれる目利きの能力を磨いてもらおうとする思考法指南書である．

　本書を執筆していた当時，筆者は以下のような多くの若者に数学を教えていた：

　「やったことのあるタイプの問題は解けるが，ちょっと頭をひねらなければならない問題はまったくお手上げ」，

　「問題集やテストの解答を見れば，ああそこに補助線を一本引けばよかったのか，偶数か奇数かに注目して場合分けすればよかったのか，極端な（最悪な）場合を想定して分析すればこんな簡単に解けてしまうのか，……と分かるのだが，実際はそういった着眼点に自分自身では気付くことができなかった」，

　「高校時代は，数学の試験もまあまあ良くできていて得意だと思っていたが，大学に進んでからは，〝定義→定理→証明〟が繰り返し登場する抽象的な数学の講義や専門書に，ついていけない」

　ポリヤやラーソンの示す王道と思われる数学の指南法に感銘を受けていた筆者は，基礎的な知識をひととおり身につけたが，問題を自力で解く思考力，応用力または発想力に欠けると感じている学生たちには，方程式，数列，微分，積分といった各ジャンルごとに，〝このジャンルの問題は次のように解く〟ということを学ぶ従来の学習法（これを〝縦割り学習法〟と呼ぶ）に固執するのではなく，ジャンルを超えて存在する数学的な考え方や技巧，ものの見方を修得し，それらを拠り所として様々な問題を解決するための学習法（これを〝横割り学習法〟と呼ぶ）で学ぶことこそが肝要だと感じた．

　そこで，1990 年ぐらいまでの難問または超難問とされ，かつ良問とされていた大学入試問題，数学オリンピックの問題，海外の数学コンテストの問題，たとえば，米国の高校生や大学生向けに出題された Putnam（パットナム）等の問題集に紹介されている問題を収集，選別した．そして，それらを題材に，どういう点に着眼すれば首尾よく解決できるのか，思考のプロセスに重点を置いて問題分析の手法を，発想力や柔軟な思考力，論理力を磨きたい，という学生たちのために書きおろしたのが本シリーズである．

　本書が 1989 年に駿台文庫から出版された当時，本気で数学の難問を解く思考力や発

想力を身につけたいという骨太な学生や数学教育関係者に好意的に受け入れられたのは筆者の大きな喜びだった．

そして，本書は韓国等でも翻訳され，海外の学生にも支持を得ることができた．

二十年以上たって一度絶版となった際も，関西の某大学の学生や教授から，「このシリーズはコピーが出回っていて読み継がれていますよ」と聞かされることもあった．

また，本シリーズと同様の主旨で 1991 年に NHK の夏の数学講座を担当した際には，学生や教育関係者以外の一般の方々からも「数学の問題をどうやって考えるのかがわかって面白かった」，「数学の問題を解くときの素朴な考え方や発想が，私たちの日常生活のなかのアイディアや発想とそんなに大きく違わないのだということがわかった」という声をいただき，その反響は相当のものだった．

このたび，森北出版より本シリーズが復刻されて，新たな読者の目に触れる機会を得たことは筆者にとって望外の喜びである．一人でも多くの方が活用してくださることを期待しております．

最後になりましたが，今回の復刻を快諾し協力してくださった駿台予備学校と駿台文庫に感謝の意を表します．

2014 年 3 月　秋山　仁

― 序　　文 ―

読者へ

世に数々の優れた参考書があるにもかかわらず，ここに敢えて本シリーズを刊行するに至った私の信念と動機を述べる．

現在，数学が苦手な人が永遠に数学ができないまま終生を閉じるのは悲しいし，また不公平で許せない．残念ながら，これは若干の真実をはらむ．しかし，数学が苦手な人が正しい方向の努力の結果，その努力が報われる日がくることがあるのも事実である．

ここに，正しい方向の努力とは，わからないことをわからないこととして自覚し，悩み，苦しみ，決してそれから逃げず，ウンウンうなって考え続けることである．そうすれば，悪戦苦闘の末やっとこさっとこ理解にたどりつくことが可能になるのである．このプロセスを経ることなく数学ができるようになることを望む者に対しては，本書は無用の長物にすぎない．

私ができる唯一のことは，かつて私自身がさまよい歩いた決して平坦とはいえない道のりをその苦しみを体験した者だけが知りうる経験をもとに赤裸々に告白することによ

り、いま現在、暗闇の中でゴールを捜し求める人々に道標を提示することだけである．読者はこの道標を手がかりにして、正しい方向に向かって精進を積み重ねていただきたい．その努力の末，困難を克服することができたとき，それは単に入試数学の征服だけを意味するものではなく，将来読者諸賢にふりかかるいかなる困難に対しても果敢に立ち向かう勇気と自信，さらには，それを解決する方法をも体得することになるのである．

【本シリーズの目標】

同一の分野に属する問題にとどまらず，分野（テーマ）を超えたさまざまな問題を解くときに共通して存在する考え方や技巧がある．たとえば，帰納的な考え方（数学的帰納法），背理法，場合分けなどは単一の分野に属する問題に関してのみ用いられる証明法ではなく，整数問題，数列，1次変換，微積分などほとんどすべての分野にわたって用いられる考え方である．また，2個のモノが勝手に動きまわれば，それら双方を同時にとらえることは難しいので，どちらか一方を固定して考えるという技巧は最大値・最小値問題，軌跡，掃過領域などのいくつもの分野で用いられているのである．それらの考え方や技巧を整理・分類してみたら，頻繁に用いられる典型的なものだけでも数十通りも存在することがわかった．問題を首尾よく解いている人は各問題を解く際，それを解くために必要な定理や公式などの知識をもつだけでなく，それらの知識を有効にいかすための考え方や技巧を身につけているのである．だから，数学ができるようになるには，知識の習得だけにとどまらず，それらを活性化するための考え方や技巧を完璧に理解しなければならないのである．これは，あたかも，人間が正常に生活していくために，炭水化物，脂肪やたん白質だけを摂取するのでは不十分だが，さらに少量のビタミンを取れば，それらを活性化し，有効にいかすという役割を果たしてくれるのと同じである．本シリーズの大目標はこれら数十通りのビタミン剤的役割を果たす考え方や技巧を読者に徹底的に教授することに尽きる．

【本シリーズの教授法——横割り教育法——について】

数学を学ぶ初期の段階では，新しい概念・知識・公式を理解しなければならないが，そのためには，教科書のようにテーマ別（単元別）に教えていくことが能率的である．しかし，ひととおりの知識を身につけた学生が狙うべき次のターゲットは〝実戦力の養成〟である．その段階では，〝知識を自在に活用するための考え方や技巧〟の修得が必須になる．そのためには，〝パターン認識的〟に問題をとらえ，〝このテーマの問題は次のように解答せよ〟と教える教授法（**縦割り教育法**）より，むしろ少し遠回りになるが，テーマを超えて存在する考え方や技巧に焦点を合わせた教授法（**横割り教育法**）のほうがはるかに効果的である．というのは，上で述べたように，考え方のおのおのに注目すると，その考え方を用いなければ解けない，いくつかの分野にまたがる問題群が存在するから

である．本書に従ってこれらの考え方や技巧をすべて学習し終えた後，振り返ってみれば受験数学の全分野にわたる復習を異なる観点に立って行ったことになる．すなわち，本書は"縦割り教育法"によってひととおりの知識を身につけた読者を対象とし，彼らに"横割り教育法"を施すことにより，彼らの潜在していた能力を引き出し，さらにその能力を啓発することを目指したものである．

【本シリーズの特色——発見的教授法——について】

本シリーズのタイトルに冠した発見的教授法という言葉に，筆者が託した思いについて述べる．

標準的学生にとっては，突然すばらしい解答を思いつくことはおろか，それを提示されてもどのようにしてその解答に至ったのかのプロセスを推測する事さえ難しい．そこで，本シリーズにおいては，天下り的な解説を一切排除し，"どうすれば解けるのか"，"なぜそうすれば解けるのか"，また逆に，"なぜそうしたらいけないのか"，"どのようにすれば，筋のよい解法を思いつくことができるのか"などの正解に至るプロセスを徹底的に追求し，その足跡を克明に表現することに努めた．

このような教え方を，筆者は**"発見的教授法"**とよばせていただいた．その結果，10行ほどの短い解答に対し，そこにたどりつくまでのプロセスを描写するのに数頁をもさいている箇所もしばしばある．本シリーズでは，このプロセスの描写を**"発想法"**という見出しで統一し，各問題の解答の直前に示した．このように配慮した結果，優秀な学生諸君にとっては，冗長な感を抱かせる箇所もあるかもしれない．そのようなときは適宜，"発想法"を読み飛ばしていただきたい．

1989 年 5 月　秋山　仁

※　本シリーズは 1989 年発行当時のまま，手を加えずに復刊したため，現行の高校学習指導要領には沿っていない部分もあります．

はじめに

　本書の目的は，立体の把握のしかたおよび立体の体積の求め方の2つを解説することにある．

　立体の形を把握するとき，その立体が目前にあれば一目瞭然である．では，その立体がない場合に，どのようにすれば立体を把握できるだろうか．そのようなときは，3次元の立体を1次元的または2次元的な情報を用い，その立体を断片的にとらえる以外に方法はない．ここにいう1次元的情報とは言葉や数式による立体の表現を意味し，2次元的情報とはその立体の断面図，写真，影または展開図などを意味する．3次元のものをそれより低い次元のものを媒体として表現しようとするのだから，立体をこの方法によって把握するのが，ある程度難しいのは止むを得ない．しかし，立体の断面図を連続的に動かせば，その立体が完全に復元でき，結果的には目前に立体が置かれているのと同じことになるのである．

　1979年に米国のコーマックと英国のハウンズフィールドに対してノーベル医学賞が授与された．その授賞の対象となった研究は，コンピュータを用いたX線断層撮影技術の開発であった．この技術は，脳などの断層写真をディスプレイ上に写し出す装置である．この技術開発のおかげで，脳や体の異状を訴える患者が糸ノコで頭上部を切開され，さらに脳にメスを入れられることなく，腫瘍の大きさや位置または脳の欠陥などを知ることができるようになったのである．

　本書の前半では，立体を2次元的情報から割り出す方法について解説する．

　本書の後半の目的は，立体の体積の求め方を学ぶことである．

　立体の体積を求めるには，その立体を切り口の面積を算出できる（極めて薄い厚みをもつ）微小部分に分割し，それらを（積分を用いて）加え合わせるのが原則である．しかし，その方法には，立体の形によっていくつかの異なる方法がある．

ジャガイモの体積を求めるとき,それをまな板の上に置き,まな板に垂直にジャガイモを切りポテトチップ状に分割し,それらを寄せ集めるという"垂直スライス型求積法"がその代表的な方法である.そのほかにも,バームクーヘンの体積を求めるために,バームクーヘンの皮を1枚1枚はがし,薄い厚みをもつ長方形にし,それらを寄せ集めるという"バームクーヘン型求積法"や鉛筆の扇形状の削りカスを集めるという"鉛筆削り型求積法"もある.さらに,タマネギの体積を求める際に,タマネギの皮を1枚ずつはがし,それらの皮を寄せ集めれば元のタマネギの体積に一致するという,いわゆる"タマネギ型求積法"または"雪だるま型求積法"などもある.

　上述の求積法のおのおののしくみについて詳解し,さらにもう1歩踏み込んでどの問題には上述のどの求積法が最適であるかの判定のしかたも解説する.

　本書を読み終えた後で,読者諸君が"直交する3本の円柱の共通部分"がいかなる形をしているかが把握できるようになり,またその体積がテキパキと求められるようになることを期待する.

☆ 本書の使い方と学習上の注意 ☆

　さきに述べたとおり，本シリーズでは，数学の考え方や技巧に照準を合わせ入試数学全体を分類し，入試数学を解説している．よって，目次（この目次を便宜上，"横割り目次"とよぶ）もその分類に従っている．高校の教科書をひととおり終えた，いわゆる受験生（浪人や高校3年生）とよばれる読者は，本書に従って学習すれば自ずとそれらの考え方や技巧を能率的に身につけることができる．

　一方，一般の教科書（または参考書）のように，分野別（たとえば，方程式，三角比，対数，……という分類）に勉強していくことも可能にするため，分野別の目次（これを便宜上，"縦割り目次"とよぶ）も参考のため示しておいた．すなわち，たとえば，確率という分野を勉強したい人は，確率という見出しを縦割り目次でひけば，本シリーズのどの問題が確率の問題であるかがわかるようにしてある．だから，それらの問題をすべて解けば，確率の問題を解くために必要な考え方や技巧を多角的に学習することができるしくみになっている．

　入試に必要な知識を部分的にしか理解していない高校1，2年生，または文系志望の受験生が本書を利用するためには縦割り目次を利用するとよい．すなわち，読者各位の学習の進度に応じ，横割り目次，縦割り目次を適宜使い分けて本書を活用していただければよいのである．

　次に，学習時に読者に心がけていただきたい点を述べる．

　数学を能率的に学習するためには，次の点に注意することが重要である．

1. 理論的流れに従い体系的に諸事実を理解すること
2. 視覚に訴え，問題の全貌を把握すること
3. 同種な考え方を反復して理解すること

　以上3点を踏まえ，問題の配列や解説のしかたや順序を決定した．とくに，第IV巻（数学の視覚的な解きかた），第V巻（立体のとらえかた）では，2を重視した．また，3を徹底するために，全巻を通して同種の考え方や技巧をもつ例題と練習をペアにし，どちらかというと[**例題**]のほうをやや難しいものとし，例題を練習の先に配列した．[**例題**]をひとまず理解した後に，できれば独力で対応する〈**練習**〉を解いてみて，その考え方を十分に呑み込んだかどうかをチェックするという学習法をとることをお勧めする．

　なお，本文中の随所にある参照箇所の意味は，次の例のとおりである．

（例）　Iの**第3章** §2参照　　　本シリーズ第I巻の**第3章** §2を参照
　　　第2章 §1参照　　　　　本書と同じ巻の**第2章** §1を参照
　　　§1　　　　　　　　　　本書と同じ巻同じ章の§1

目次

復刻に際して ……… iii
序　　文 ……… v
はじめに ……… viii
本書の使い方と学習上の注意 ……… x
縦割り（テーマ別）目次 ……… xi

第1章　立体の把握法　　　　　　　　　　　　　　　　　　　**1**
　§1　モデルを作ってそれを見ながら解け（立体版）　　……………　3
　§2　立体図形の平面図形によるとらえ方（切り口，展開図）……………　22
　§3　空間図形から平面図形への特殊な変換　　……………　41

第2章　立体の体積の求め方　　　　　　　　　　　　　　　　　**61**
　§1　平面でスライスせよ　　……………　63
　§2　立体の分割のしかた　　……………　88

　あとがき　　……………　124
　重要項目さくいん　　……………　125

［※第Ⅰ～Ⅴ巻の目次は前見返しを，別巻の目次は後見返しを参照］

縦割り目次

（テーマ別）

> **縦割り（テーマ別）目次について**
> ○ 各テーマ別初めのローマ数字（Ⅰ，Ⅱ，…）は，本シリーズの巻数を表している．別は別巻を表す．
> ○ それに続く E$(1・1・3)$ や P$(1・1・4)$ については，E は例題，P は練習を示し，（　）内の数字は各問題番号である．
> ○ 1，2，……は各巻の章を表している．

[1] **数と式**

  相加平均・相乗平均の関係
  　Ⅱ. E$(1・1・3)$, P$(1・1・4)$,
  　　P$(1・1・5)$, P$(1・2・2)$,
  　　E$(3・2・3)$
  　Ⅲ. E$(4・1・1)$
  　Ⅳ. E$(1・2・4)$
  　別Ⅱ. P$(4・6・1)$, P$(4・6・3)$,
  　　P$(4・6・4)$

  その他
  　Ⅰ. P$(4・1・1)$, E$(4・1・3)$,
  　　E$(4・1・4)$, P$(5・3・1)$
  　Ⅱ. E$(3・1・4)$, E$(3・3・6)$
  　Ⅲ. E$(1・2・1)$, P$(1・2・1)$,
  　　E$(3・2)$, E$(3・1・4)$,
  　　P$(3・1・4)$, E$(4・1・4)$,
  　　P$(4・1・4)$, P$(4・4・1)$,
  　　E$(4・4・2)$, E$(4・4・3)$
  　Ⅳ. P$(1・3・2)$

  別Ⅱ. E$(1・2・1)$, P$(1・2・1)$,
  　E$(5・5・1)$, P$(5・5・1)$,
  　P$(5・5・2)$

[2] **方程式**

  方程式の（整数）解の存在および解の個数
  　Ⅰ. P$(2・2・3)$, E$(2・2・4)$,
  　　E$(2・2・5)$, P$(2・2・5)$
  　Ⅱ. E$(3・3・5)$
  　Ⅲ. E$(3・1・3)$, P$(3・2・2)$,
  　　P$(4・3・5)$
  　Ⅳ. E$(3・1・1)$, P$(3・1・1)$,
  　　P$(3・1・2)$, E$(3・1・3)$,
  　　P$(3・1・4)$
  　別Ⅱ. P$(1・1・1)$

  その他
  　Ⅱ. P$(3・3・4)$
  　Ⅲ. E$(3・1・2)$, P$(3・1・7)$,
  　　P$(4・1・3)$

  別Ⅱ. E$(1・1・1)$, P$(1・1・3)$,
  　E$(2・1・1)$, P$(2・1・2)$

[3] **不等式**

  不等式の証明
  　Ⅰ. E$(2・1・2)$, P$(2・1・2)$,
  　　E$(2・1・7)$, P$(2・1・7)$,
  　　E$(2・1・8)$, P$(5・1・4)$
  　Ⅱ. P$(1・3・1)$, P$(1・3・2)$
  　Ⅲ. E$(3・2・1)$, P$(3・2・1)$,
  　　E$(3・2・2)$, E$(3・3・1)$,
  　　P$(3・3・1)$, E$(3・3・3)$,
  　　E$(3・3・4)$, P$(3・3・4)$,
  　　P$(4・2・3)$
  　Ⅳ. E$(3・2・2)$, E$(3・2・3)$,
  　　P$(3・2・3)$

  不等式の解の存在条件
  　Ⅳ. E$(3・6・2)$, P$(3・6・4)$,
  　　P$(3・6・5)$, P$(3・6・6)$

縦割り目次　xiii

その他
　　Ⅰ. P(5・3・5)
　　Ⅱ. P(1・2・3), P(2・1・3),
　　　 E(3・4・4)
　　Ⅲ. E(2・2・1), P(3・1・3),
　　　 P(3・3・2), P(4・4・2),
　　　 P(4・4・4)
　　Ⅳ. E(3・2・1), P(3・2・1),
　　　 E(3・2・4), E(3・3・5),
　　　 P(3・3・7)

[4]　関　数

関数の概念
　　Ⅱ. E(3・1・1), P(3・1・1),
　　　 P(3・1・2)
　　Ⅲ. E(1・2・3)

その他
　　Ⅰ. E(4・1・1)
　　Ⅱ. E(1・2・2), E(3・1・2),
　　　 P(3・1・4), P(3・2・3),
　　　 P(3・3・5)
　　Ⅲ. P(1・2・3)

[5]　集合と論理

背理法
　　Ⅰ. E(5・2・1), P(5・2・1),
　　　 E(5・2・2), P(5・2・2)
　　Ⅲ. P(1・3・1), E(4・4・3),
　　　 E(4・4・4)
　　Ⅳ. E(1・3・1), P(1・3・1),
　　　 E(1・3・3), P(1・3・3),
　　　 P(2・1・1)

数学的帰納法
　　Ⅰ. 第2章全部
　　　 P(4・1・1), P(5・1・3)
　　Ⅲ. E(4・1・3), P(4・4・3)

鳩の巣原理
　　Ⅰ. E(2・2・6), P(2・2・7)
　　Ⅲ. E(4・1・2), P(4・1・2)

必要条件・十分条件
　　Ⅰ. 第5章§1全部
　　Ⅱ. E(1・2・2)
　　Ⅳ. E(1・3・2), E(3・6・1),
　　　 P(3・6・1), P(3・6・2),
　　　 P(3・6・3)

その他
　　Ⅰ. 第1章全部, E(5・3・3)
　　Ⅱ. P(2・3・1)
　　Ⅲ. E(1・2・2), P(1・2・2),
　　　 E(1・3・1)
　　Ⅳ. E(2・1・2), P(2・1・2),
　　　 P(2・1・3), P(2・1・4),
　　　 E(2・2・2)

[6]　指数と対数
　　Ⅰ. P(3・2・1)

[7]　三角関数

三角関数の最大・最小
　　Ⅱ. E(1・1・4), P(1・1・6),
　　　 E(3・2・1), E(4・1・2),
　　　 E(4・1・3), E(4・5・5)
　　Ⅳ. E(3・4・2), P(3・4・4)
　　別Ⅱ. P(2・2・2), P(2・2・3),
　　　 E(4・2・1), P(4・2・1),
　　　 E(4・5・1), P(4・5・1),
　　　 E(5・4・1), P(5・4・1),
　　　 P(5・4・2)

その他
　　Ⅱ. E(2・1・1)
　　Ⅲ. E(2・2・2), P(4・1・6),
　　　 E(4・2・1), E(4・4・1)

　　Ⅳ. P(3・4・3)

[8]　平面図形と空間図形

初等幾何
　　Ⅰ. P(3・1・3), E(3・1・4),
　　　 E(3・1・5), E(3・2・3)
　　Ⅳ. E(1・2・2), P(1・2・2),
　　　 E(1・2・2)
　　Ⅴ. E(1・1・1), E(1・2・3),
　　　 P(1・2・3), E(1・2・4),
　　　 E(2・2・5)
　　別Ⅱ. E(3・2・1), P(3・2・1),

正射影
　　Ⅴ. 第1章§3全部
　　別Ⅱ. E(4・4・1), P(4・4・1)

その他
　　Ⅰ. E(4・2・4)
　　Ⅱ. P(1・2・3), E(1・4・3),
　　　 P(1・4・4), P(1・4・5),
　　　 P(2・1・3), E(2・1・4),
　　　 P(2・1・4), P(2・1・5),
　　　 P(2・2・2), P(3・1・5)
　　Ⅲ. E(3・1・6), P(3・1・6),
　　　 E(3・2・3), P(3・3・3),
　　　 E(4・2・2), P(4・2・2),
　　　 P(4・2・3)
　　Ⅳ. E(3・2・4)
　　別Ⅱ. E(3・3・1), P(3・3・1),
　　　 E(5・1・1)

[9]　平面と空間のベクトル

ベクトル方程式
　　Ⅰ. P(5・3・3)
　　Ⅴ. E(1・3・4), E(1・3・5)

xiv　縦割り目次

ベクトルの1次独立
- Ⅰ. P(3・1・1), E(3・1・1)

[10]　平面と空間の座標

媒介変数表示された曲線
- Ⅱ. E(1・2・1), P(1・2・1), E(4・4・1), P(4・4・1)
- Ⅲ. E(2・2・3), P(2・2・3), E(2・2・4), P(2・2・4), E(2・2・5)

定点を通る直線群, 定直線を含む平面群
- Ⅱ. P(4・5・1), E(4・5・2), P(4・6・1), P(4・6・4), E(4・6・5), P(4・6・5), E(4・6・6)

2曲線の交点を通る曲線群, 2曲面を含む曲面群
- Ⅱ. E(4・5・1), E(4・5・2), P(4・5・2), E(4・6・1), P(4・6・1), E(4・6・2), P(4・6・2), E(4・6・4), P(4・6・4)

曲線群の通過範囲
- Ⅰ. E(5・3・2), P(5・3・2)
- Ⅱ. E(2・3・2), E(3・3・3), P(3・3・3), E(3・3・4), E(4・3・1), P(4・3・1), E(4・3・2), P(4・3・2), E(4・5・3), P(4・5・3), E(4・5・4), P(4・5・4), E(4・5・5)
- Ⅲ. E(2・2・1), P(2・2・1), E(2・2・2), P(2・2・2)
- Ⅳ. E(1・1・2)

座標軸の選び方
- Ⅱ. 第2章 §2 全部

その他
- Ⅰ. P(5・3・3)
- Ⅱ. P(4・5・5), E(4・6・1), E(4・6・2), E(4・6・3), E(4・6・4)
- Ⅲ. E(2・1・3), E(3・1・5), E(4・3・1), P(4・3・1)
- Ⅳ. P(1・1・1)
- Ⅴ. E(1・1・2), E(1・1・3), E(1・2・1), P(1・2・1), E(1・2・2), P(1・2・2)

[11]　2次曲線

だ円
- Ⅱ. P(2・1・2)
- Ⅲ. E(2・1・2), P(2・1・2)
- Ⅳ. E(1・2・1)
- 別Ⅱ. E(4・3・1), P(4・3・1), P(4・3・2), E(6・5・1)

放物線
- Ⅱ. E(2・2・1), P(2・2・1), E(2・2・2), P(3・1・3)
- Ⅲ. P(2・1・3)
- 別Ⅱ. P(1・3・1)

[12]　行列と1次変数

回転, 直線に関する対称移動
- 別Ⅰ. 第2章 §1 全部

その他
- Ⅰ. P(3・1・1), E(3・1・2), P(5・1・1), E(5・3・1), P(5・3・2), E(5・3・4), P(5・3・4)
- Ⅱ. P(3・3・6)

別Ⅰ. 別巻Ⅰ全部

[13]　数列とその和

漸化式で定められた数列の一般項の求め方
- Ⅰ. E(2・1・5), E(2・1・6), P(2・1・9), P(4・1・2)
- Ⅱ. E(3・4・1), E(3・4・1), E(3・4・2), P(3・4・2), E(3・4・3)
- Ⅲ. E(1・1・1), P(1・1・1)
- Ⅳ. P(2・2・1), E(2・2・3)
- 別Ⅱ. E(1・4・1), P(1・4・1)

その他
- Ⅰ. P(3・1・2), P(3・2・2), E(5・3・5), P(5・3・5)
- Ⅱ. E(2・3・1)
- Ⅲ. E(1・1・2), P(1・1・2), E(1・1・3), P(1・1・3), E(1・3・3), P(1・3・3), E(3・3・2), P(4・2・1)

[14]　基礎解析の微分・積分

3次関数のグラフ
- Ⅱ. E(2・2・3), P(2・2・3), E(2・2・4), P(2・2・4), P(2・2・5), E(3・1・2)
- Ⅲ. E(2・1・1)
- 別Ⅱ. P(1・1・2), E(1・3・1), E(3・4・1), P(3・4・1)

その他
- Ⅰ. P(4・1・3)
- Ⅱ. E(1・2・2), E(1・2・4), P(1・2・4), E(1・3・1), P(1・3・1), P(1・3・2), E(1・4・2), P(1・4・3), E(3・1・5), P(3・1・6)
- Ⅲ. E(4・1・3), E(4・1・6)

別Ⅱ. P(1・3・2), E(3・5・1),
　　P(3・5・2), P(4・6・2)
　　E(6・1・1), P(6・1・1)
　　P(6・1・2), E(6・2・1)
　　P(6・2・1), P(6・2・2)
　　P(6・3・1), E(6・4・1)
　　P(6・4・1), E(6・4・2)
　　P(6・5・1), E(6・6・1)
　　P(6・6・1)

[15]　最大・最小

　2 変数関数の最大・最小

　　Ⅳ. 第 3 章 §3 全部

　2 変数以上の関数の最大・最小

　　Ⅱ. E(1・1・1), P(1・1・1),
　　　 E(1・1・2), P(1・1・2),
　　　 P(1・1・3)
　　Ⅳ. E(3・3・6)
　　別Ⅱ. P(3・1・1), E(3・1・1),
　　　　 E(4・6・1)

　最大・最小問題と変数の置き換え

　　Ⅱ. E(1・1・4), P(1・1・6),
　　　 E(3・2・1), P(3・3・5)
　　Ⅳ. P(3・4・1), E(3・4・3)
　　別Ⅱ. E(5・2・1), P(5・2・1),
　　　　 P(5・2・3)

　図形の最大・最小

　　Ⅱ. E(4・1・4), P(4・1・4),
　　　 E(4・1・5), P(4・1・5)
　　Ⅲ. P(3・1・5), E(3・1・7)

　独立 2 変数関数の最大・最小

　　Ⅱ. E(4・1・1), P(4・1・1),
　　　 E(4・1・2), P(4・1・2),
　　　 E(4・1・3), E(4・2・1),
　　　 P(4・2・1), E(4・2・2),

P(4・2・2), E(4・2・3)
別Ⅱ. E(5・3・1)

　その他

　　Ⅱ. E(3・1・3), P(3・2・1),
　　　 E(3・2・2), P(3・2・2),
　　　 E(3・3・2), P(3・3・2),
　　　 E(4・3・3)
　　Ⅲ. P(3・1・2), E(4・1・1),
　　　 P(4・1・1)
　　Ⅳ. E(3・4・1)
　　Ⅴ. E(1・1・4)
　　別Ⅱ. P(2・1・1), E(2・1・1),
　　　　 P(2・2・1), E(4・1・1),
　　　　 P(5・3・1), E(6・3・1)

[16]　順列・組合せ

　場合の数の数え方

　　Ⅰ. 第 3 章 §2 全部
　　Ⅱ. E(1・4・1), P(2・3・2)
　　Ⅲ. E(3・1・1), P(3・1・1),
　　　 E(4・1・4)
　　Ⅳ. E(2・1・1), E(2・2・2),
　　　 E(2・2・3)

　その他

　　Ⅲ. E(2・2・7), E(4・1・4)

[17]　確　率

　やや複雑な確率の問題

　　Ⅰ. E(4・2・1), P(4・2・1),
　　　 E(4・2・2), E(4・2・3),
　　　 P(4・2・3)
　　Ⅱ. E(1・4・1), P(1・4・1),
　　　 P(1・4・2)
　　Ⅳ. E(2・1・3), E(2・1・1),
　　　 P(2・2・1), P(2・2・2),
　　　 E(2・2・3), E(3・7・1),
　　　 P(3・7・1), E(3・7・2),

P(3・7・2)

　期待値

　　Ⅰ. E(4・2・1)
　　Ⅲ. E(2・1・4), P(2・1・4),
　　　 P(4・1・4)
　　Ⅳ. P(3・7・3)

　その他

　　Ⅲ. P(2・2・5), E(2・2・6),
　　　 E(4・1・4)

[18]　理系の微分・積分

　数列の極限

　　Ⅰ. E(2・2・2), P(2・2・2)
　　Ⅳ. E(3・4・3), E(3・5・1),
　　　 P(3・5・1), P(3・5・3)

　関数の極限

　　Ⅱ. P(3・1・6)
　　Ⅲ. E(4・3・2), P(4・3・2)
　　Ⅳ. P(2・2・1), E(3・1・2)

　平均値の定理

　　Ⅰ. P(2・2・1), E(2・2・5),
　　　 P(2・2・6)

　中間値の定理

　　Ⅰ. E(2・2・3), P(2・2・3),
　　　 P(2・2・4)
　　Ⅲ. E(4・1・5)

　積分の基本公式

　　Ⅱ. E(1・2・2), P(1・2・2),
　　　 E(1・2・3), P(1・2・3)
　　Ⅲ. P(4・1・3), E(4・1・6),
　　　 E(4・3・3), E(4・3・5)

曲線の囲む面積

II. E(1・2・4), P(1・2・4),
　　E(3・1・2)
III. P(2・1・1)

立体の体積

II. E(1・2・1), E(1・3・1),
　　E(1・4・2), P(1・4・3),
　　E(3・3・1), P(3・3・1)
V. 第2章全部

その他

I. E(2・2・1)
III. P(1・3・2), E(2・1・1),
　　P(4・1・5), E(4・1・6),
　　P(4・1・6), E(4・2・3),
　　P(4・3・3), E(4・3・4),
　　P(4・3・4)
別II. P(1・4・2), P(4・6・3),
　　P(5・1・1), P(5・2・2),
　　P(5・4・3)

発見的教授法による数学シリーズ

5

立体のとらえかた

第1章　立体の把握法

　見ることのできない物や，いまだかつて見たことのない物の形や姿を想像するのは（たとえ，多くのそれを形容する言葉が与えられたとしても）難しい．

　たとえば，"ステゴザウルスとは，中生代ジュラ紀に栄えた恐竜で剣竜の一種である．全長4〜10mで頭部が極端に小さく，背中に2列に並んだひし形の骨板をもっている．四肢は太く，後肢より前肢のほうが短く，尾の先に2対のスパイクをもつ"と教えられても，この恐竜の容姿を正確には把握できない．しかし，"ステゴザウルスという恐竜は，図Aに示すような恐竜です"と教えられれば，その姿の概要を的確に把握できる．

図 A

　立体を把握するための手取り早い方法は，その写真や絵やモデルを観ることである．しかし，立体の絵を描くことはそう簡単なことではない．レオナルド・ダ・ビンチは15世紀に，立体をある1点から眺めて，見たままの形を合理的に描き表す方法（1点描写法または透視図法）を考え出したそうだ．しかし，その方法を用いたところで，立体を描写するのは至難の技である．そこで，立体の問題が与えられたとき，その全貌を紙上に描くことができなくても，その立体の切り口や影，またはモデル（模型）を作ることができるなら，ほとんどの問題は解決できるのである．本章では，その3つの方法を学ぶことにしよう．

(1)　**モデルを作って，それを見ながら解け（立体版）**（§1）

　　コンピュータを操作したことのない人が，コンピュータの本を読んでも，具体的に何を意味しているのかあまりわからないだろう．しかし，わからないながらも，実際にコンピュータに触れ，簡単な操作を繰り返すうちに，操作のしかたが自然に身につき，コンピュータを使いこなせるようになる（図B）．

　　同様に，立体図形の問題を扱うときにも，その図形のモデルを利用して実験しながら考えることは，問題解決にきわめて有力な手段となる．それは，具体的なモデルを実際に目の当たりにすると，鮮明な実像にニューロンが刺激され，その立体の特性や，問題にされている本質的な部分を照らし出してくれるからである．いま述べたように，具体的な立体モデルを観察するという方法は，頭

2　第1章　立体の把握法

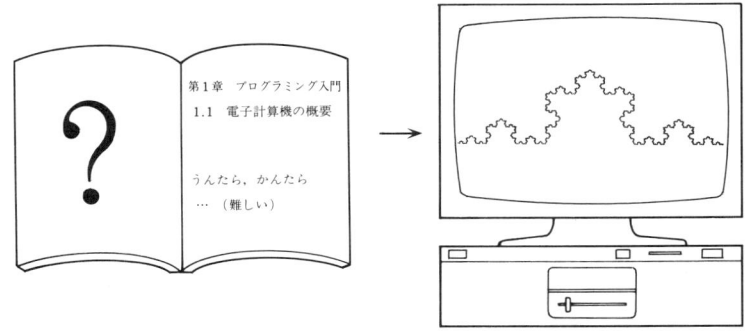

図 B　本を読むだけでは，あまりわからなかったことでも，実際にコンピュータを操作していくうちに，本に解説されていることがしだいにわかってくる。

の中であれこれ考えるという抽象作業よりも，ずっと効果的な方法なのである．とくに，試験とはちがって何の制約もない学習時には，大根や消しゴムを切ったり，模型を作ってどんどん実験してもらいたい．そうすることによって，立体図形に対する洞察が鋭くなり，それに従って，空間図形の問題への苦手意識も解消されるのである．

(2)　**立体図形を平面図形に帰着させよ (切り口，展開図) (§2)**

　　近年，脳外科の手術を行う際に活躍している装置にC.T.スキャン (断層写真) という機械がある．この装置は，たとえば，人間の脳をいろいろな角度からX線で撮影し，その断面を映し出す．脳腫瘍の摘出手術を行うときに，まず，外科医は腫瘍の正確な位置と大きさを把握して，手術の方法などを決定しなければならない．そのために，実際に頭を切開する前に，C.T.スキャンによっていろいろな角度から映し出された患者の脳の断面図を調べるのである．

　　このように，立体図形の全体ではなく，部分 (ある平面による切り口など) の形状 (すなわち，平面図形) を調べていくことによって，立体図形全体の姿をとらえることもできるのである．

(3)　**空間図形から平面図形への特殊な変換のとらえ方 (§3)**

　　空間図形に光を当てたときに，ある平面上にできる影の形は，まったくランダムに写し出されるわけではない．それは，ある空間内の物体の点と，その影となる点とは，何らかの規則に従って，1対1対応，または多対1対応しているのである．よって，ある物体の影を調べるときには，物体上の点と影上の点の間に成り立つ対応の規則をとらえればよいのである．

§1　モデルを作ってそれを見ながら解け（立体版）

　立体図形の問題は，平面図形の問題に比べると，一般的に難しい．それは題意をみたす立体図形の概形を把握するために図を紙面に描こうとしても，紙面は2次元であるのに扱う対称が3次元の物体であるがゆえ，図を描くことが難しいからである．立体図形のイメージをつかむときに，図が簡単に描けない場合には，図を描く代わりに，実際にモデルを作って，それを見ながら考えていくのがよい．次の（例）を考えてみよう．

（例）　ある物体に真上から光があたると，その影は直径1の円，真横から光があたるとその影は1辺が1の正方形，真正面から光があたると，その影は底辺1，高さ1の二等辺三角形に見える．さて，この物体はどのような形の物体か．

　こういうたぐいの問題に対して，その答えとなる物体を直ちに想像できる人は少ない．まして，上述の条件をみたす物体が無数に多く存在することがわかる人はまれであろう．

　では，題意をみたす立体のモデルを作ってみよう．

（例）（1）　大根を切断する（図A）．

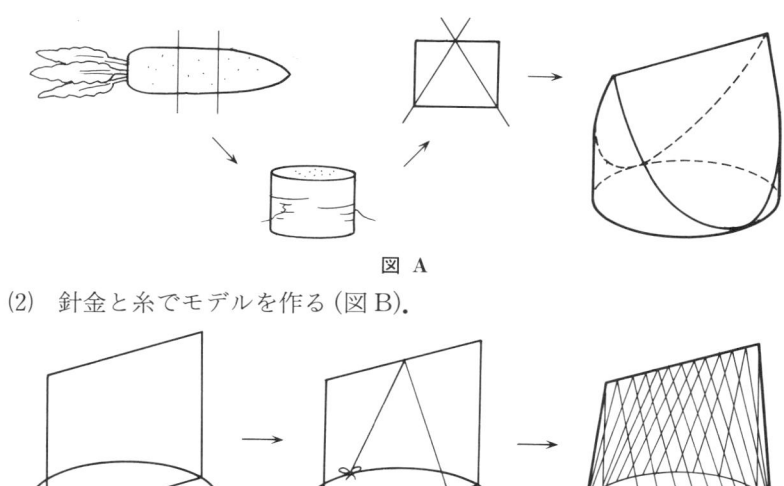

図 A

（2）　針金と糸でモデルを作る（図B）．

図 B

次に，題意をみたす物体が無数に存在することを示そう．

結論をいってしまうと，図Cのような骨組みに題意をみたす範囲で肉付けしたものは，すべて答えである．たとえば，図Cに題意をみたす範囲で肉付けした図D(a)のような物体について，その影は確かに題意をみたしている．

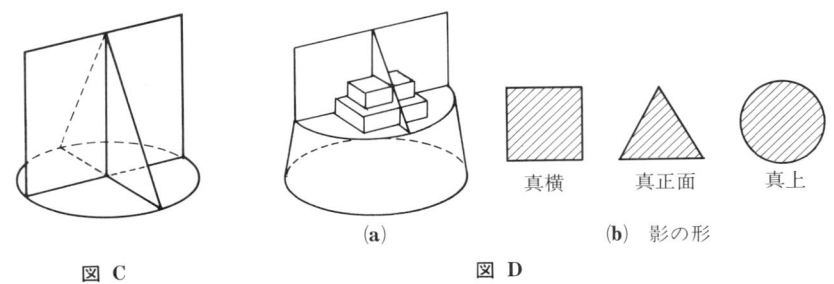

図C　　図D

ゆえに，題意をみたす物体は無数に存在するのである．

"百聞は一見にしかず"なる格言があるように，頭の中で考えているだけでは，いま述べたことが事実であることを確認しにくいであろうから，以下に示す作り方に従って実際に図Cの骨組みをつくり，題意をみたす範囲で，粘土などを用いてさまざまに肉付けして，上述の事実を確かめてみよ．

(例)　図Eのような，直径1の円，底辺1高さ1の二等辺三角形，1辺が1の正方形の型紙を作り，太線部分に切り込みを入れる(図E)．

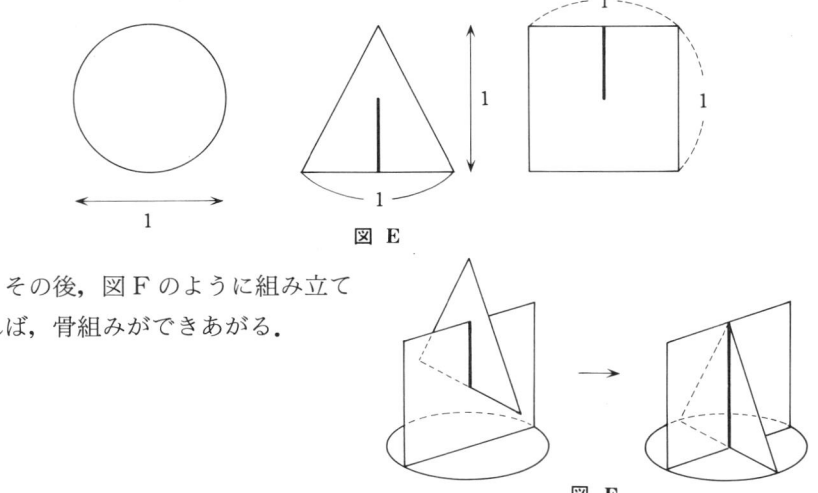

図E

その後，図Fのように組み立てれば，骨組みができあがる．

図F

[例題 1・1・1]

次の(1)〜(7)は,立方体を平面 P で切った切り口の図形 F について述べたものである.正しい命題の番号の組合せを,下のア〜ケの中から選べ.

(1) F が鈍角三角形になることはない.
(2) F が四角形であれば台形となる.
(3) P が立方体の頂点のうち1つだけを含むと,F の頂点は奇数個になる.
(4) P の位置をうまく定めると,F は線対称な五角形になる.
(5) P の位置をうまく定めると,F は七角形になる.
(6) 三角形となる F のうちで,面積が最大のものは正三角形である.
(7) 長方形となる F のうちで,面積が最大のものは正方形である.

ア (1)・(3)・(7)	イ (2)・(5)・(7)	ウ (3)・(4)・(6)
エ (1)・(2)・(3)・(5)	オ (1)・(2)・(4)・(6)	カ (1)・(4)・(5)・(6)
キ (2)・(3)・(4)・(7)	ク (3)・(5)・(6)・(7)	

ケ アからクまでのいずれでもない.

(筑波大 改題)

発想法

(1)〜(7)をみたす切り口のパターンを,以下,図で示す.図を参考に,消しゴムやキュービックチーズなどを利用して,実際に切ってみたりして実験し,確認せよ.

(1) F が三角形になるのは,平面 P が立方体を図1のように同一頂点から出ている3辺を切った場合である.このとき,三角形 F の3つの内角は,すべて鋭角である.よって,F が鈍角三角形になることはない.

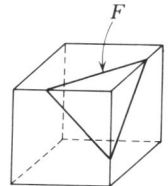 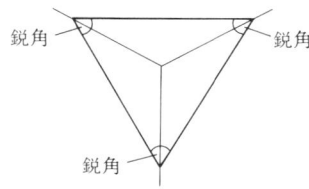

図 1

(2) F が四角形になるのは,平面 P が立方体を図2または図3のように切った場合である.平面 P の傾きにより,四角形の種類が異なることに注意せよ.

図2のように切った場合は,四角形 F の向かい合う1組の辺が平行であり,図3のように切った場合は,四角形 F の向かい合う2組の辺が平行である.ゆえに,F が四角形であれば台形となる.

6　第1章　立体の把握法

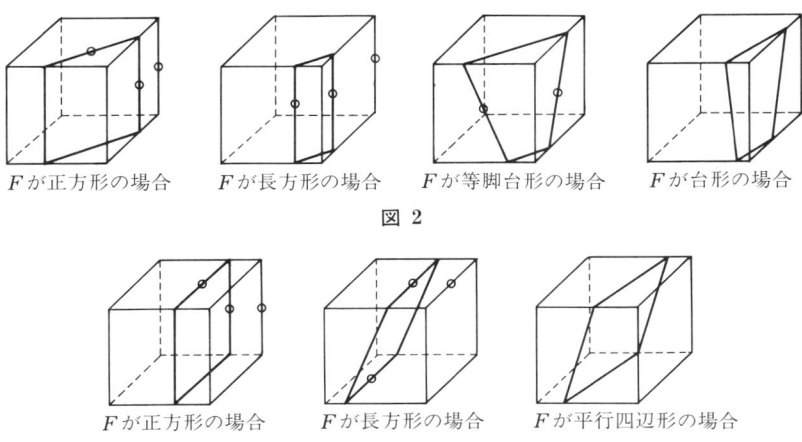

図2

図3

(3) 平面 P が立方体の1頂点を通るように平面 P を動かす．平面 P が図4のように立方体を切るとき，F の頂点は偶数個（4個）になる．よって，「P が立方体の頂点のうち1つだけ含むと，F の頂点は奇数個になる」とはいえない．

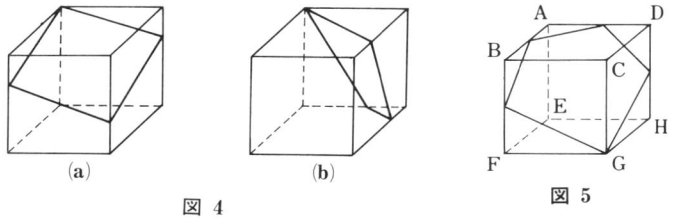

図4　　図5

(4) 立方体の各頂点を A, B, C, D, E, F, G, H とする（図5）．このとき，平面 P が平面 ACGE に垂直，かつ，切り口が五角形になるように立方体を切ると，F は線対称な五角形になる．

(5) 『立方体を切ったときの切り口 F の図形が何角形か』ということは，「平面 P が，立方体の面（表面の正方形）のうち，何枚の面を切るか」ということを考えることにほかならない．

したがって，F が七角形となるためには，平面 P が7つの面を切らなくてはならない．しかし，立方体には6つの面しかない．よって，F が七角形となることは不可能である．

(6) F が三角形となるのは，平面 P が立方体を図1のように切ったときである．この三角形の3頂点をそれぞれ P, Q, R とする．点 P, Q, R はそれぞれ，その点が存在する辺上を動く．図6のように考えることにより，三角形 F の面積が最大になるのは，三角形 F が立方体のある1頂点に隣接している3つの頂点によってつくられる

正三角形のときである (図 6 (d)).

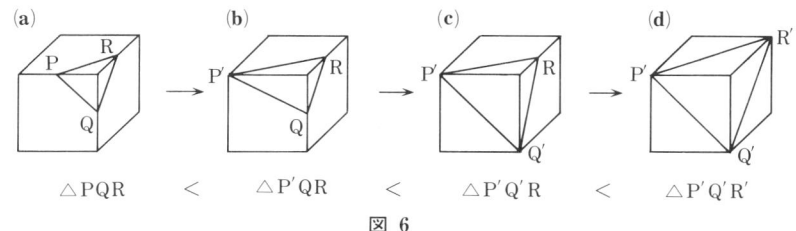

$\triangle \mathrm{PQR} \quad < \quad \triangle \mathrm{P'QR} \quad < \quad \triangle \mathrm{P'Q'R} \quad < \quad \triangle \mathrm{P'Q'R'}$

図 6

(7) 立方体の1辺の長さを1としても一般性を失わない．F が長方形となるとき (図2,3参照)，長方形 F の向かい合う辺のうち，1組は長さが1である．もう1組の辺の長さが最大になるとき，すなわち $\sqrt{2}$ になるとき (図7)，長方形 F の面積は最大になる．ゆえに，「長方形となる F のうちで，面積が最大のものは正方形である」とはいえない．

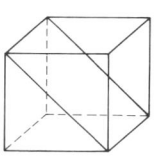

図 7

解 答 「発想法」より，正しい命題は (1), (2), (4), (6) である．
オ ……(答)

[例題 1・1・2]

1辺の長さ a の立方体 ABCD-EFGH の対角線 AG に頂点 C から下ろした垂線の足を I とする.

(1) 線分 CI の長さ，および，∠CIH の大きさを求めよ．

(2) この立方体を AG が水平面と垂直となるように置き，AG と平行な光をあてるとき，水平面上にできる影の面積を求めよ．

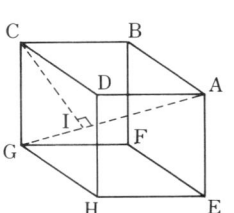

発想法

問題を解く前に，(2)で問われている影の形について考えてみよう．実際は，影の形は正六角形となるのだが，図1のような星形になると勘違いする人も少なくないようだ．

百聞は一見にしかず！ 実際にモデルを使って調べてみよう．

図2のように，立方体を見る目の高さをしだいに上のほうへ移動させると，影が正六角形になることがわかる．この様子をスケッチすると，図3のようになる．

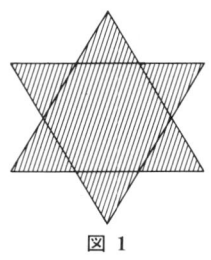

図 1

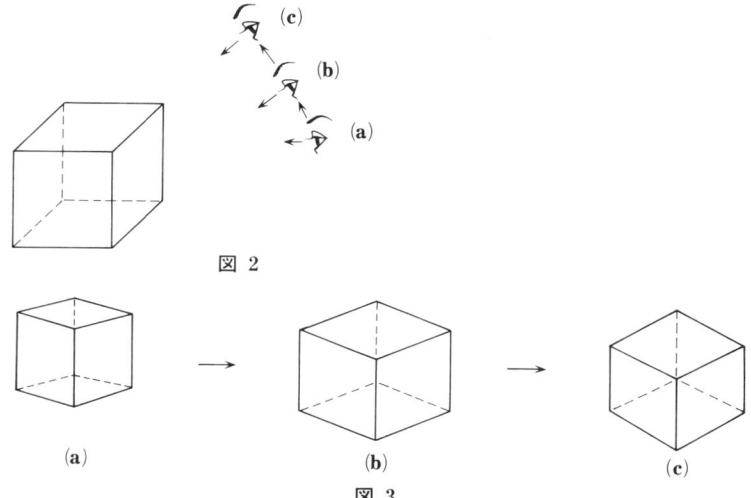

図 2

(a) → (b) → (c)

図 3

解答 (1) 図4のように座標を導入する．

このとき，直線 AG の方程式は，（$G(0, 0, 0)$ と $A(a, a, a)$ を通ることから，）$x=y=z$ であり，直線 AG 上の点 I は，パラメータ t を用いて，$I(t, t, t)$ とおける．$\overrightarrow{IC}, \overrightarrow{GA}$ は，それぞれ

$\overrightarrow{IC}=(-t, -t, a-t)$ ……①

$\overrightarrow{GA}=(a, a, a) /\!/ (1, 1, 1)$

である．$\overrightarrow{IC} \perp \overrightarrow{GA}$ より，

$\overrightarrow{IC} \cdot \overrightarrow{GA}=(-t, -t, a-t)\cdot(1, 1, 1)$
$=-t-t+(a-t)=0$

$\therefore \quad t=\dfrac{a}{3}$

よって，$\overrightarrow{IC}=\left(-\dfrac{a}{3}, -\dfrac{a}{3}, \dfrac{2a}{3}\right)$ であるので，線分 CI の長さは，

$CI=\sqrt{\left(-\dfrac{a}{3}\right)^2+\left(-\dfrac{a}{3}\right)^2+\left(\dfrac{2a}{3}\right)^2}=\dfrac{\sqrt{6}}{3}a$ ……（答）……②

次に，∠CIH の大きさを求める．∠CIH は内積の定義により，

$\cos \angle CIH=\dfrac{\overrightarrow{IC}\cdot\overrightarrow{IH}}{|\overrightarrow{IC}|\cdot|\overrightarrow{IH}|}$ ……（*）

である．

$\overrightarrow{IH}=(a, 0, 0)-(t, t, t)=(a, 0, 0)-\left(\dfrac{a}{3}, \dfrac{a}{3}, \dfrac{a}{3}\right)$

$=\left(\dfrac{2}{3}a, -\dfrac{a}{3}, -\dfrac{a}{3}\right)$ ……③

$IH=\sqrt{\left(\dfrac{2}{3}a\right)^2+\left(-\dfrac{a}{3}\right)^2+\left(-\dfrac{a}{3}\right)^2}=\dfrac{\sqrt{6}}{3}a$ ……④

①～④を（*）に代入すると，

$\cos \angle CIH=\dfrac{\left(-\dfrac{a}{3}, -\dfrac{a}{3}, \dfrac{2}{3}a\right)\cdot\left(\dfrac{2}{3}a, -\dfrac{a}{3}, -\dfrac{a}{3}\right)}{\left(\dfrac{\sqrt{6}}{3}a\right)\times\left(\dfrac{\sqrt{6}}{3}a\right)}$

$=\dfrac{-\dfrac{3}{9}a^2}{\dfrac{6}{9}a^2}=-\dfrac{1}{2}$

よって，∠CIH の大きさは，

$\angle CIH=\dfrac{2}{3}\pi$ ……（答）

【別解1】 図5のように座標軸を導入する．このとき，点 C, G, I の座標は，それぞれ

$C(0, 0, a)$, $G(0, 0, 0)$, $I(t, t, t)$

と表される．△CGI に三平方の定理を用いると，

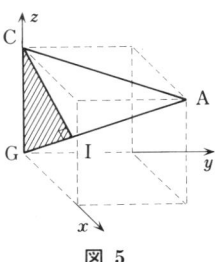

図 5

$CI^2 + GI^2 = CG^2$

$\iff \{\sqrt{t^2+t^2+(t-a)^2}\}^2 + (\sqrt{t^2+t^2+t^2})^2 = a^2$

$\iff 6t^2 - 2at = 0$

$\iff t(3t-a) = 0$

$\therefore \quad t = \dfrac{a}{3} \quad (\text{ただし, } t \neq 0)$

よって，$\overrightarrow{CI} = \left(-\dfrac{a}{3}, -\dfrac{a}{3}, \dfrac{2a}{3}\right)$ であるので，線分 CI の長さは，

$CI = \sqrt{\left(-\dfrac{a}{3}\right)^2 + \left(-\dfrac{a}{3}\right)^2 + \left(\dfrac{2a}{3}\right)^2}$

$\quad = \dfrac{\sqrt{6}}{3}a \qquad \cdots\cdots(\text{答}) \qquad \cdots\cdots①$

同様に，△HGI に三平方の定理を用いて，

$HI = \dfrac{\sqrt{6}}{3}a \qquad \qquad \qquad \cdots\cdots②$

∠CIH に余弦定理を用いて，①，② を代入すると，

$\cos \angle CIH = \dfrac{HI^2 + CI^2 - CH^2}{2 \cdot HI \cdot CI}$

$\qquad = \dfrac{\left(\dfrac{\sqrt{6}}{3}a\right)^2 + \left(\dfrac{\sqrt{6}}{3}a\right)^2 - (\sqrt{2}a)^2}{2 \cdot \dfrac{\sqrt{6}}{3}a \cdot \dfrac{\sqrt{6}}{3}a} = -\dfrac{1}{2}$

よって，∠CIH の大きさは，

$\angle CIH = \dfrac{2}{3}\pi \qquad \cdots\cdots(\text{答})$

【別解2】 点 $C(0, 0, a)$ を通り，直線 AG に垂直な平面は，

$x + y + z = a \quad \cdots\cdots(*)$

である．平面 $(*)$ は，$(x, y, z) = (a, 0, 0), (0, a, 0)$ を代入しても成り立つので，点 H, F を通る．ゆえに，平面 $(*)$ による立方体 ABCD-EFGH の切り口は，△CHF である (図6)．△CHF は，1辺の長さが $\sqrt{2}a$ の正三角形である．

点 I は，平面 $(*)$ と直線 AG の交点として与えられるが，△CHF の重心は，$\left(\dfrac{a}{3}, \dfrac{a}{3}, \dfrac{a}{3}\right)$ であり，これは直線 AG 上の点でもあることから，点 I は △CHF の重心であることがわかる (図7)．

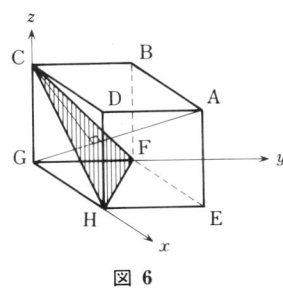
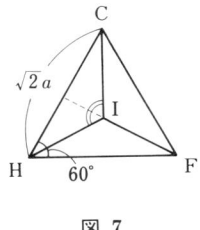

図 6   図 7

図7より，CI の長さは，

$$CI = \frac{2}{3} \cdot \sqrt{2}a \sin 60° = \frac{2}{3} \cdot \sqrt{2}a \cdot \frac{\sqrt{3}}{2}$$

$$= \frac{\sqrt{6}}{3}a \qquad \cdots\cdots(答)$$

また，∠CIH の大きさは，

$$\angle CIH = \frac{2}{3}\pi \qquad \cdots\cdots(答)$$

(2) 対角線 AG に平行な光による立方体 ABCD-EFGH の各頂点の影をそれぞれ点 A′, B′, C′, D′, E′, F′, G′, H′, I′ とする．対角線 AG 上の点 A, I, G の影 A′, I′, G′ は一致するが，それを改めて点 P とおく．6 点 B′, C′, D′, E′, F′, H′ は，図形の対称性により，正六角形をつくる (図 8)．

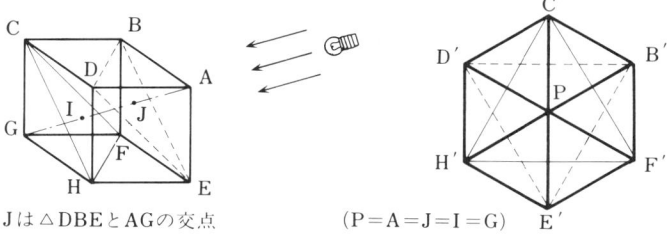

Jは△DBEとAGの交点　　(P=A=J=I=G)

図 8

正六角形 B′C′D′H′E′F′ の面積を S とすると，S は，正三角形 C′PD′ の面積の 6 倍である．△C′PD′ の 1 辺の長さは，(1) で求めた CI の長さに等しく，$\frac{\sqrt{6}}{3}a$ である．よって，求める面積 S は，

$$\frac{S}{6} = \triangle C'PD' = \frac{1}{2} \cdot \frac{\sqrt{6}}{3}a \cdot \frac{\sqrt{6}}{3}a \cdot \sin 60°$$

$$= \frac{1}{2} \cdot \frac{\sqrt{6}}{3}a \cdot \frac{\sqrt{6}}{3}a \cdot \frac{\sqrt{3}}{2} = \frac{\sqrt{3}}{6}a^2$$

$$\therefore \quad S = \sqrt{3}a^2 \qquad \cdots\cdots(答)$$

[例題 1・1・3]

空間内に平面 α がある．空間の点 P を通って平面 α に垂直な直線が α と交わる点を P の α 上への正射影といい，空間図形 V の各点の α 上への正射影全体のつくる α 上の図形を V の α 上への正射影という．

1辺の長さ1の正四面体 V の平面 α 上への正射影の面積を S とする．V がいろいろと位置を変えるときの S の最大値と最小値を求めよ．

(東京大 理系)

発想法

まず，面積 S の最大値，最小値を求める前に，実際に正四面体のモデルを作るなどして，正四面体 V の平面 α 上への正射影がどのような図形になるのかを調べるべきである．正射影は，三角形にしかならないと勘違いする人も少なくないようだが，実際には四角形と三角形になる場合がある．実際に確かめてみよ．正四面体のモデルは，問題用紙を図1のように折ることにより，作ることができる．このとき，机を平面 α と見なして，机の上にできる正四面体の影を観察しよう．

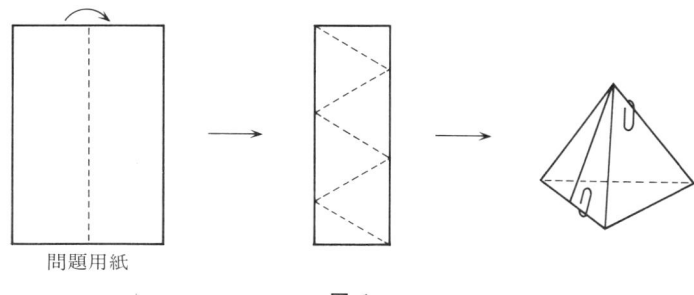

図 1

以下，正四面体の正射影を調べるための正四面体の動かし方の一例をあげる．

[正四面体の動かし方の例]

正四面体の各頂点を，図2のように，点 A, B, C, D とする．辺 CD を平面 α に垂直にならないようにし，辺 CD を軸として辺 CD のまわりに正四面体 ABCD を回転させる．このとき，図形の対称性により，辺 AB が平面 α に垂直である状態から，辺 AB が平面 α に平行となる状態まで，正四面体 ABCD を 90° 回転させれば，正射影となりうるすべての形状を調べることができる．

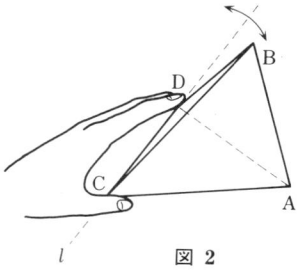

図 2

ところで，正四面体 ABCD の正射影は，点 A, B, C, D を正射影した点 A′, B′, C′, D′ の凸包（すなわち，点 A′, B′, C′, D′ の各点の位置にくぎを打ち，そのくぎに輪ゴムをかけたときに得られる凸多角形（図 3））である．

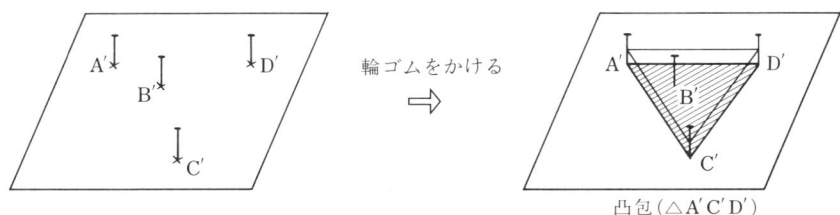

図 3

また，辺 CD を平面 α に垂直とならないように置いたことによって，辺 CD の正射影は必ず線分 C′D′ となり，かつ，辺 CD を回転軸としたおかげで，辺 CD の正射影は，正四面体の回転にかかわらず，つねにある固定された線分 C′D′ である．

よって，あとは，正四面体の回転に伴う点 A, B の位置変化を調べればよいことがわかる．それに際して，辺 CD に垂直で辺 AB を含む平面による正四面体 ABCD の切り口（辺 CD の中点を M とすると，切り口は △ABM である）の正四面体の回転に伴う位置変化を調べると，頂点 A, B の正射影と，辺 CD の正射影との位置関係が調べやすい．以下では，正四面体の回転に伴う △ABM の位置変化を調べ，正四面体の正射影の面積の変化を調べてみよう．

(i) 辺 AB が平面 α に垂直な状態から，△BCD を含む平面が平面 α に平行な状態まで，正四面体 ABCD を動かした場合．

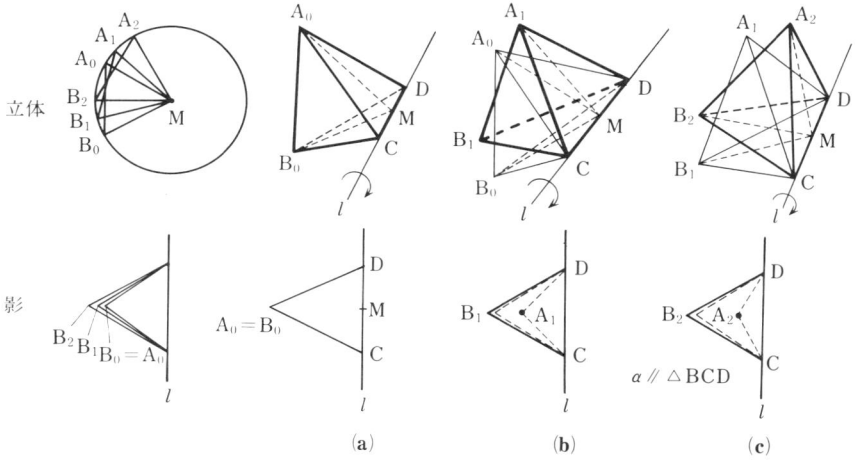

図 4

(ii) △BCD を含む平面が平面 α に平行な状態から，△ACD を含む平面が平面 α に垂直な状態まで，正四面体 ABCD を動かした場合．

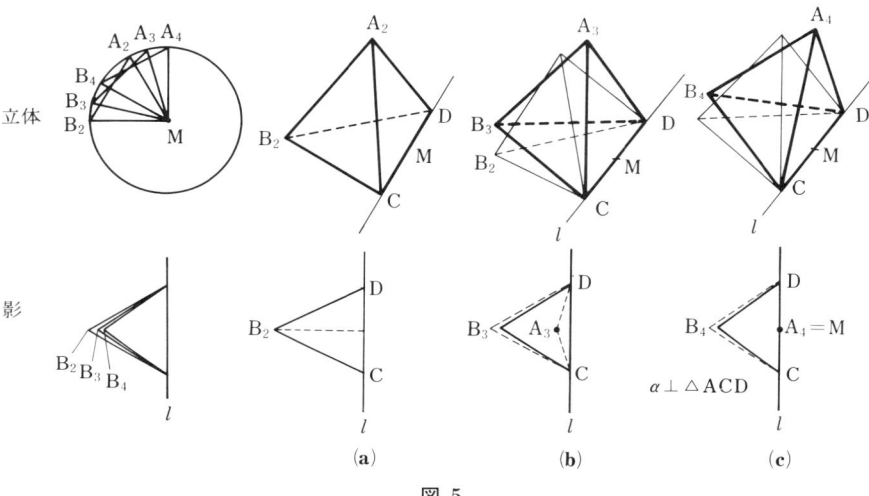

図 5

(iii) △ACD を含む平面が平面 α に垂直な状態から，辺 AB が平面 α に平行な状態まで，正四面体 ABCD を動かした場合．

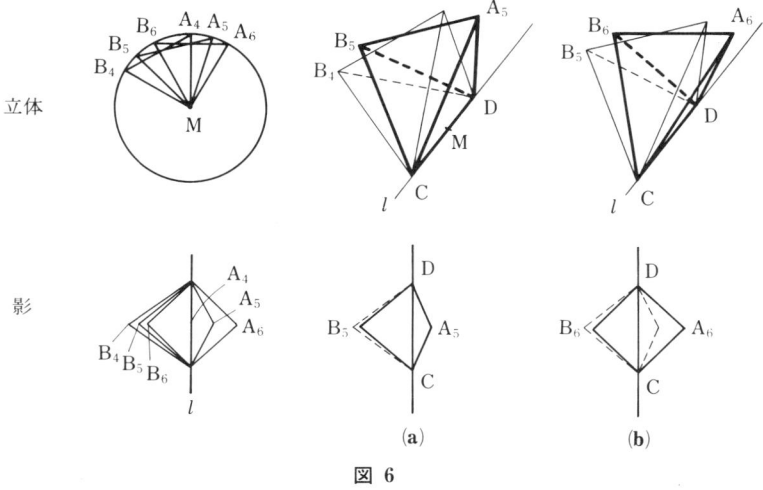

図 6

以上(i), (ii), (iii) の考察により，影の面積は，図 4 で増加，図 5 で減少，図 6 で増加していることがわかる．

以上より，右記の増減表を得る．

よって，S は，図 4(a) または図 5(c) のとき最小，図 4(c) または図 6(b) のとき最大となると推測できる．

図	4	5	6
増減	小 ↗ 大	↘ 小 ↗	大

なお，辺 AB が平面 α に平行になるとき，正四面体 ABCD の正射影は正方形になるが（図 6(b)），このことは，次のように考えるとよくわかる．

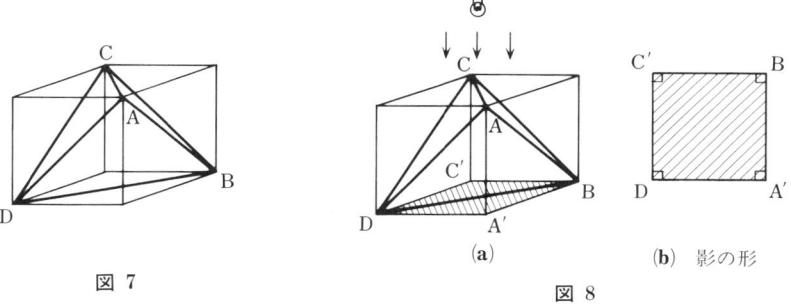

図 7　　　　　　　　　　　　　　　　(a)　　　　(b) 影の形
　　　　　　　　　　　　　　　　　　　　　　図 8

1. 1 辺の長さ $\dfrac{1}{\sqrt{2}}$ の立方体に，図 7 のように内接させる四面体 ABCD を考える．
   すると，四面体 ABCD は，各辺の長さがすべて 1 なので，正四面体である．
2. 立方体のある面に正四面体 ABCD を正射影する．たとえば，辺 BD を含む面に正四面体 ABCD を正射影すると，正射影は正方形になる（図 8）．

上述の考察から，正四面体の回転に伴う正射影の形状の変化がわかるであろう．いまの実験をもっと深く分析してみると，平面 α に垂直でない辺 CD の正射影 C′D′ と点 B の正射影 B′ とがつくる △B′C′D′ に対して，点 A の正射影 A′ の位置がどこにあるかで場合分けして考えればよいことがわかる．

以下，解答では，この方針に従って解答する．

解答　正四面体 V の頂点を A, B, C, D とする．点 B, C, D の平面 α 上への正射影を，それぞれ点 B′, C′, D′ とする．また，点 A を通り平面 α に垂直な直線と平面 BCD との交点を P，平面 α との交点を P′ とする（点 P′ は点 A, P の α 上への正射影にほかならない）．

平面 BCD を直線 BC, CD, DB で 7 つの領域に分割し，点 P がいずれの領域に含まれるかで場合分けする（平面 BCD が平面 α に垂直なとき，点 P は存在しないが，正四面体 V の正射影はその対称性より，平面 ABC（または平面 ACD, ADB）が平面 α に垂直な場合と等しいので，そのような場合は考えなくてよい）．

平面 BCD 上の 7 つの領域は，図形の対称性により，図 9 に示すような 3 つの場合に分類できる．

16   第1章 立体の把握法

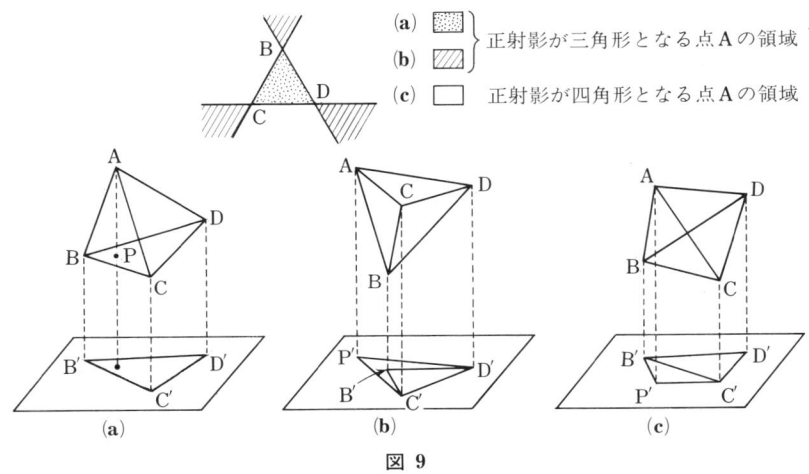

図 9

(a) 点Pが図9の打点部（ ▓ ）にある場合；

　正四面体ABCDのα上への正射影は，△BCDのα上への正射影として与えられる．

　点Aから平面BCDに下ろした垂線の足をGとする（点Gは△BCDの重心である）．また，∠PAG＝θ とする．このとき，平面αと平面BCDのなす角はθであるから，正射影の面積をS_1とすると，S_1は，

$$S_1 = \triangle\text{BCD} \cdot \cos\theta$$
$$= \frac{1}{2} \cdot 1 \cdot 1 \cdot \sin 60° \cdot \cos\theta$$
$$= \frac{\sqrt{3}}{4} \cos\theta \quad \cdots\cdots (*)$$

である（図10）．

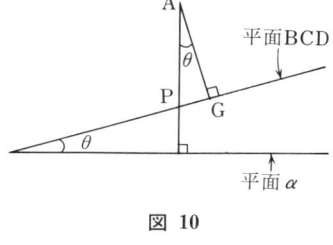

図 10

　S_1の最大値は，$\theta=0$ のとき，すなわち，点Pが点Gに一致するとき，

$$(S_1 \text{の最大値}) = \frac{\sqrt{3}}{4} \cos 0$$
$$= \frac{\sqrt{3}}{4} \quad \cdots\cdots ①$$

　S_1の最小値は，θが最大になるとき，すなわち，点Pが△BCDの頂点のいずれかに一致するときである．

　このとき，$\cos\theta$は，

$$\cos\theta = \frac{\text{AG}}{\text{AP}} = \frac{\text{AG}}{\text{AB}} \quad \cdots\cdots ㋐$$

で与えられる．辺 AB, AG の長さは，それぞれ，

$\quad$ AB=1 $\quad\quad\quad\quad\quad\quad\quad\quad$ ……①

$\quad$ AG$=\sqrt{1-\left\{\dfrac{2}{3}\text{CD}\sin 60°\right\}^2}\quad$(図 11 参照)

$\quad\quad\quad=\sqrt{1-\dfrac{1}{3}}=\sqrt{\dfrac{2}{3}}\quad\quad$ ……⑨

である．よって，①，⑨を⑦に代入して，

$\quad$(S_1 の最小値)$=\dfrac{\sqrt{3}}{4}\cdot\sqrt{\dfrac{2}{3}}=\dfrac{\sqrt{2}}{4}\quad$ ……②

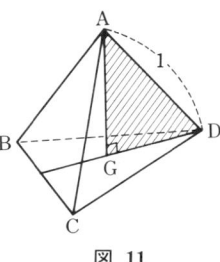

図 11

(b) 点 P が図 9 の斜線部（▨）にある場合；

正四面体 ABCD の α 上への正射影は，△ACD（または △ABD，△ABC）の α 上への正射影として与えられる．

ゆえに，この場合の S の最大値，最小値は，(a) の場合と同じである．

(c) 点 P が図 9 の白色部（☐）にある場合；

正四面体 ABCD の平面 α 上への正射影は，平面 BCD 上の四角形 BPCD（または BCPD，BCDP）の α 上への正射影（四角形 B'P'C'D'）として与えられる．

四角形 B'P'C'D' において，対角線 B'C' と D'P' のなす角を φ とする．このとき，四角形 B'P'C'D' の面積を S_2 とすると，S_2 は，

$\quad S_2=\dfrac{1}{2}\cdot\text{B'C'}\cdot\text{D'P'}\cdot\sin\varphi$

である《後述（**補足**）の項参照》．

まず，S_2 の最大値について考察する．線分 B'C'，D'P' は，それぞれ，長さ 1 の線分 BC, DP の正射影であるので，それらの長さの変域は，

$\quad 0<\text{B'C'}\leqq 1,\quad 0<\text{D'P'}\leqq 1$

正射影

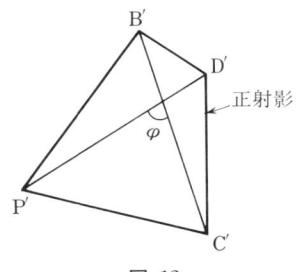

図 12

である．また，$\sin\varphi$ は，$\varphi=\dfrac{\pi}{2}$ のとき，最大値 1 をとりうるので，

$\quad S_2\leqq\dfrac{1}{2}\cdot 1\cdot 1\cdot 1=\dfrac{1}{2}$

そして，正四面体 ABCD の直交する 2 辺（たとえば，辺 AD と BC）がともに平面 α に平行なとき，等号は成立する（図 6(b) 参照）．ゆえに，S_2 の最大値は，

$\quad$(S_2 の最大値)$=\dfrac{1}{2}\quad$ ……③

次に，S_2 の最小値について考察する．

四角形 BPCD の面積が一定であるように点 P を動かす．このとき，点 P は辺 BC に平行な直線上を動く

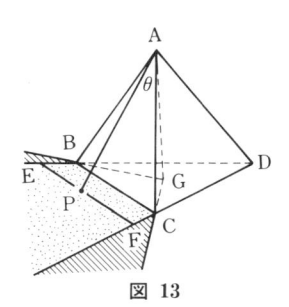

図 13

が，この直線と直線 BD, CD の交点をそれぞれ E, F とする（図13）．このとき，S_2 は，

$$S_2 = (\text{四角形 BPCD}) \cdot \cos\theta \geqq (\text{四角形 BPCD}) \cdot \frac{\text{AG}}{\text{AE}}$$

よって，最小値は，等号が成立する場合，すなわち，点 P が点 E（または点 F）に一致する場合であるが，四角形 BPCD は三角形となり，(a) の場合に帰着される．

以上 ①, ②, ③ より，求める最大値，最小値は，

$$S \text{ の最大値} = \max\left\{\frac{\sqrt{3}}{4}, \frac{1}{2}\right\} = \frac{1}{2} \quad \cdots\cdots(\text{答})$$

$$S \text{ の最小値} = (S_1 \text{ の最小値}) = \frac{\sqrt{2}}{4} \quad \cdots\cdots(\text{答})$$

（補足）　一般に，四角形 ABCD の面積 S は，その対角線 AC と BD の交点を N，$\angle \text{BNC} = \varphi$ とおくと，

$$S = \frac{1}{2} \cdot \text{AC} \cdot \text{BD} \cdot \sin\varphi$$

で与えられる．それは，次のように計算すれば，わかるであろう．

$$S = \triangle\text{ANB} + \triangle\text{BCN} + \triangle\text{CDN} + \triangle\text{DNA} \quad \cdots\cdots(*)$$

である．ここで，BN = x, CN = y とおくと，

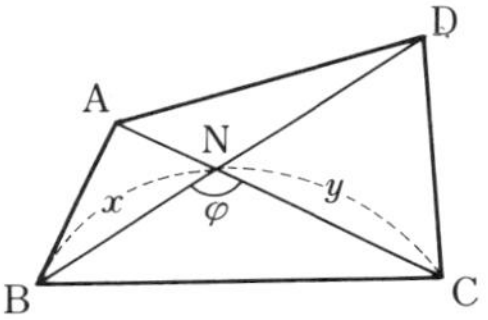

$$\triangle\text{ANB} = \frac{1}{2} \cdot \text{AN} \cdot \text{BN} \cdot \sin(\pi - \varphi)$$

$$= \frac{1}{2} \cdot (\text{AC} - y) \cdot x \cdot \sin(\pi - \varphi) \quad \cdots\cdots\text{①}$$

同様に，

$$\triangle\text{BCN} = \frac{1}{2} \cdot x \cdot y \cdot \sin\varphi \quad \cdots\cdots\text{②}$$

$$\triangle\text{CDN} = \frac{1}{2} \cdot y \cdot (\text{BD} - x) \cdot \sin(\pi - \varphi) \quad \cdots\cdots\text{③}$$

$$\triangle\text{DNA} = \frac{1}{2} \cdot (\text{BD} - x)(\text{AC} - y) \cdot \sin\varphi \quad \cdots\cdots\text{④}$$

図 14

よって，①〜④ を (*) に代入して，

$$S = \frac{1}{2}(\text{BD} \cdot \text{AC} - x \cdot \text{AC} - y \cdot \text{BD} + 2xy) \cdot \sin\varphi$$

$$\quad - \frac{1}{2}(2xy - \text{AC} \cdot x - \text{BD} \cdot y) \cdot \sin(\pi - \varphi)$$

$$= \frac{1}{2}(2xy - x \cdot \text{AC} - y \cdot \text{BD})\underline{\{\sin\varphi - \sin(\pi-\varphi)\}} + \frac{1}{2} \cdot \text{BD} \cdot \text{AC} \cdot \sin\varphi$$

$$\qquad\qquad\qquad\qquad\qquad\quad \downarrow\quad 0 \ (\because \ \sin\varphi = \sin(\pi-\varphi))$$

$$= \frac{1}{2} \cdot \text{BD} \cdot \text{AC} \cdot \sin\varphi$$

§1 モデルを作ってそれを見ながら解け（立体版） 19

[例題 1・1・4]

1辺の長さが1の正三角形 ABC の辺 BC の中点を M とし，線分 AM 上の点 P から辺 AB, AC に下ろした垂線の足をそれぞれ Q, R とする．

四角形 AQPR を取り除いた残りの図形を，線分 PB, PC に沿って折り曲げ，線分 PQ, PR をはりつけて三角すい状の容器を作る．

線分 AP の長さを x（実数）とするとき，次の各問いに答えよ．
(1) 実数 x のとり得る範囲を求めよ．
(2) 容器の体積 V を実数 x の関数として表し，V を最大にする x の値を求めよ．

発想法

(1) 点 P を図1の(a)〜(f)の位置に定めたとき，三角すい状の容器の形は，それぞれ図2(a)〜(f)のようになる（三角すい状の容器を作ったとき，点 Q と R は一致するが，その点を改めて点 T とする）．　図1の型紙を利用してモデルを作ってみよ．

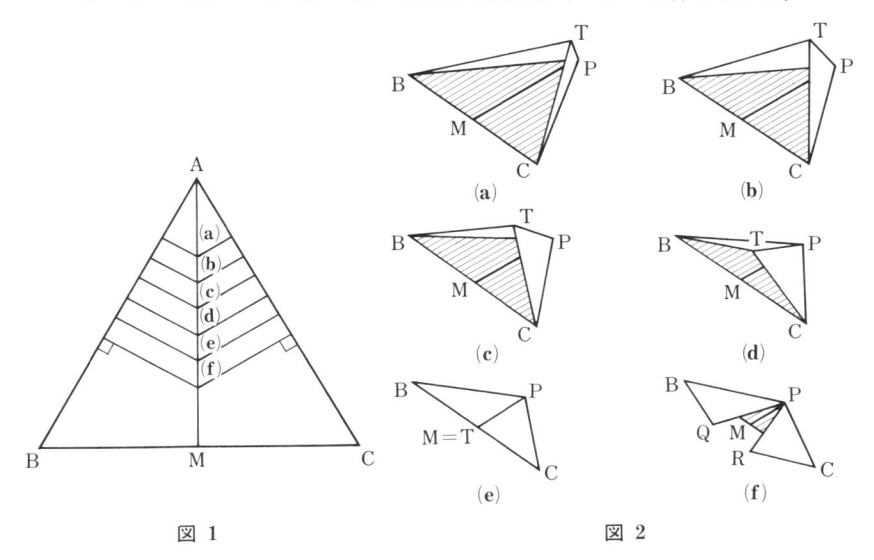

図 1　　　　　　　　図 2

実際にモデルを作ってみると（図2参照），x の値が比較的大きいとき（(e), (f)），三角すい状の容器は作れないことがわかる．また，三角すい状の容器が作れる条件は，辺 TP の長さが線分 PM より短いとき，すなわち，

  TP＜PM　……(∗)

であることもわかる．

(2) 三角すい状の容器の体積を求めるとき，△TBC を底面とみなすとよい．
$\angle \text{PTB} = \angle \text{PTC} = 90°$ より線分 PT は平面 TBC に垂直であるから，求める体積 V は，
$$V = \frac{1}{3} \triangle \text{TBC} \times \text{PT}$$
で与えられる(図 3)．

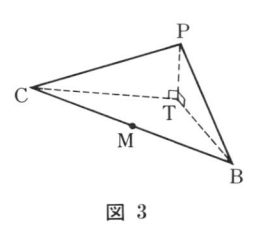

図 3

解答 (1) 容器ができるための条件は，「発想法」の考察により，
$$\text{PQ} < \text{PM} \quad \cdots\cdots(*)$$
である．線分 PQ, PM の長さは，
$$\text{PQ} = \text{AP} \sin 30° = \frac{x}{2}$$
$$\text{PM} = \text{AM} - \text{AP} = \frac{\sqrt{3}}{2} - x \quad (図 4)$$
これらの値を $(*)$ に代入すると，
$$\frac{x}{2} < \frac{\sqrt{3}}{2} - x$$
$$\therefore \quad x < \frac{\sqrt{3}}{3}$$
また，x は長さを表すので，0 より大きい．よって，求める x の範囲は，
$$0 < x < \frac{\sqrt{3}}{3} \quad \cdots\cdots(答)$$

図 4

(2) まず，容器の体積 V を求める．「発想法」の考察により，容器の体積 V は，
$$V = \frac{1}{3} \cdot \triangle \text{TBC} \cdot \text{PT} \quad \cdots\cdots(**)$$
で与えられる．
△TBC の面積は，
$$\triangle \text{TBC} = \frac{1}{2} \cdot \text{BC} \cdot \text{TM} \quad \cdots\cdots(***)$$
で与えられる(図 5)．

図 5

ここで，
$$\text{BC} = 1$$
$$\text{TM} = \sqrt{\text{TB}^2 - \text{MB}^2} = \sqrt{\text{QB}^2 - \text{MB}^2}$$
$$= \sqrt{\left(1 - \frac{\sqrt{3}}{2}x\right)^2 - \left(\frac{1}{2}\right)^2}$$
$$= \sqrt{\frac{3}{4}x^2 - \sqrt{3}x + \frac{3}{4}}$$
これらの値を $(***)$ に代入すると，

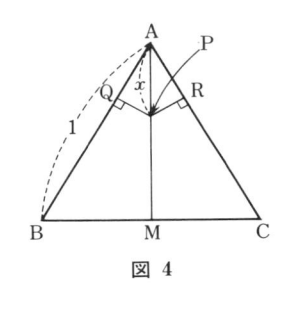

$$\triangle \text{TBC} = \frac{1}{2} \cdot 1 \cdot \sqrt{\frac{3}{4}x^2 - \sqrt{3}x + \frac{3}{4}}$$
$$= \frac{1}{2}\sqrt{\frac{3}{4}x^2 - \sqrt{3}x + \frac{3}{4}} \quad \cdots\cdots ①$$

また，線分 PT の長さは，

$$\text{PT} = \text{PQ} = \frac{x}{2} \quad\quad\quad \cdots\cdots ②$$

である．

よって，容器の体積 V は，①，② を (＊＊) に代入して，

$$\boldsymbol{V = \frac{x}{12}\sqrt{\frac{3}{4}x^2 - \sqrt{3}x + \frac{3}{4}}} \quad \cdots\cdots (答)$$

次に，V を最大にする x の値を求める．

$$V = \frac{1}{12}\sqrt{\frac{3}{4}x^4 - \sqrt{3}x^3 + \frac{3}{4}x^2}$$
$$= \frac{1}{12}\sqrt{\frac{3}{4}\left(x^4 - \frac{4\sqrt{3}}{3}x^3 + x^2\right)}$$

ここで，$f(x) = x^4 - \dfrac{4\sqrt{3}}{3}x^3 + x^2$ とおくと，

$$V = \frac{1}{12}\sqrt{\frac{3}{4}f(x)}$$

であるから，$0 < x < \dfrac{\sqrt{3}}{3}$ において，$f(x)$ が最大となるとき，V は最大となる．

$$f'(x) = 4x^3 - 4\sqrt{3}x^2 + 2x$$
$$= 2x(2x^2 - 2\sqrt{3}x + 1)$$

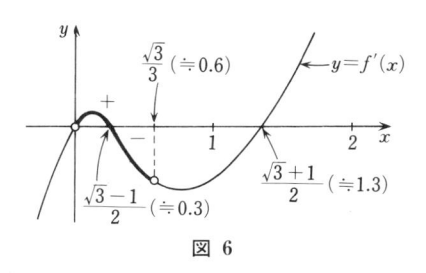

図 6

$f'(x) = 0$ となる x の値は，$x = 0, \dfrac{\sqrt{3} \pm 1}{2}$ である．そのうち，変域 $0 < x < \dfrac{\sqrt{3}}{3}$ にあるのは $x = \dfrac{\sqrt{3} - 1}{2}$ である（図 6）．

これより，右の増減表が得られる．

よって，V を最大にする x の値は，

$$\boldsymbol{x = \frac{\sqrt{3} - 1}{2}} \quad \cdots\cdots (答)$$

x	(0)		$\dfrac{\sqrt{3}-1}{2}$		$\left(\dfrac{\sqrt{3}}{3}\right)$
$f'(x)$		$+$	0	$-$	
$f(x)$		↗	最大値	↘	

§2 立体図形の平面図形によるとらえ方（切り口，展開図）

立体 T の姿をとらえるためには，T をいろいろな平面でスライスして，その切り口に現れる平面図形を調べるという方法がある．

たとえば，図 A に示す立体 T の姿をとらえることを考えよう．外側から観察しているだけでは，立体 T は，なめらかな表面をもつ "だるま" のような物体としかわからず，その内部の様子まではわからない．しかし，立体 T を平行な平面群でスライスしていき，その切り口の図形として図 B に示すような図形が得られたとする．この情報を得ることによって，われわれは，立体 T が図 C のような，内部に空洞をもつ立体図形であることがわかる．このように，平面による立体の断面図を調べていくことによって，立体の実像をとらえることができるのである．

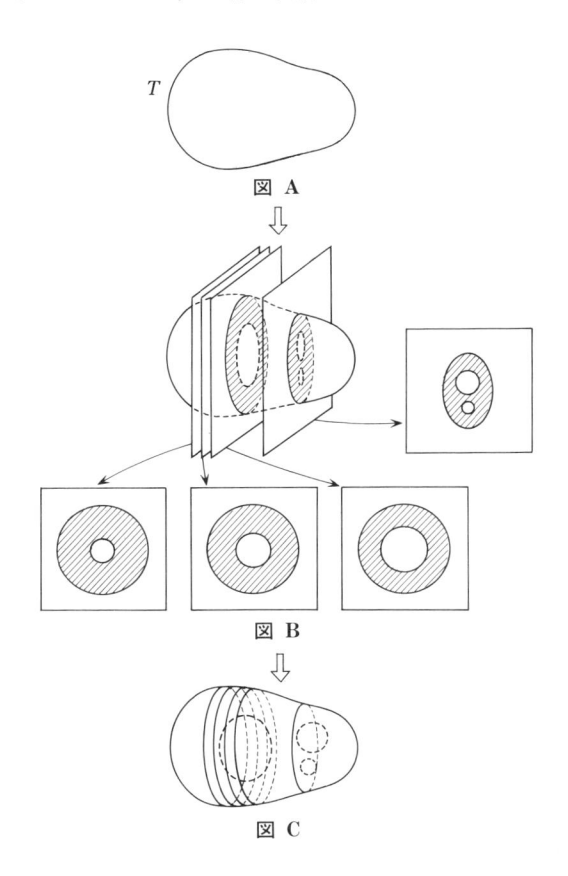

図 A

図 B

図 C

いまの例では，平行な平面群でスライスして調べていったが，できるだけさまざまな角度から切ったときの切断面を調べるほうがより正確に，立体の形状をとらえることができるのである．たとえば，次の式が表す図形がどんな形か考えてみよう．

(1) $z = x^2 + y^2$
(2) $z = \sqrt{x^2 + y^2}$

(1), (2)において，z軸に垂直な $z = a\ (\geqq 0)$ という平面で切ったときの切り口は，ともに円((1)は半径 $\sqrt{a}$, (2)は半径 a)である．しかし，y軸に垂直な $y = 0$ なる平面，すなわち xz 平面で切ったときの切り口は，(1)は放物線 $z = x^2$ であり，(2)は折れ線 $z = \sqrt{x^2} = |x|$ である．

よって，(1)は図 D に示す回転放物面であり，(2)は図 E に示す円すい面であることがわかる．すなわち，z 軸に垂直な平面で切っただけでは，(1)も(2)も切断面は同じ図形であり，ちがいがわからないが，ちがう角度の平面で切ってみることによって，はじめて，ちがいがはっきりしたわけである．

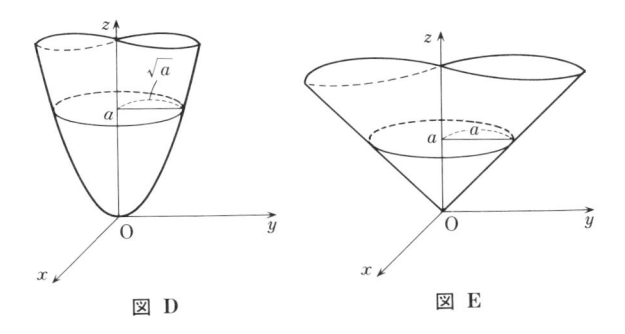

図 D

図 E

さて，話は変わるが，立体の問題のなかには，その立体の表面のみを問題の対象とするものがある．このようなときには，立体がつくる空間部分を考察する代わりに，それを展開して平面に帰着すると考えやすい．

図 F に示すような直方体の表面上の 2 点 P, Q を結ぶ最短経路は，立体の上では，折れ線で与えられる．しかし，展開図(図 G)の上，すなわち平面上では，2 点間の最短経路は 2 点を一直線に結ぶ線分にほかならないことから，立体上の各面に分解されたバラバラの線分(折れ線)をつなぎ合わせて考えるよりも平面上で考えたほうが，ずっと見通しよく，題意の最短経路が求められるのである．

いま，あげた例は，立体の表面上の距離を問題にしたものであるが，距離以外

図 F   図 G

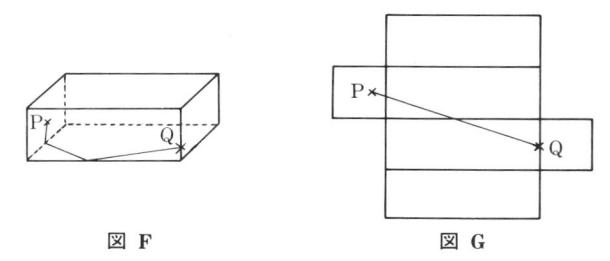

の性質，たとえば，隣接性（多面体の2つの頂点が辺で結ばれているか否か）などを問う問題に対しても，立体図形を平面に帰着させて解く解法が有効であり，そして，また，距離に関する問題よりも，もっと容易に平面の問題に帰着させることができる．その理由は，距離に関する問題では，距離関係を保存するような平面に帰着させなければならないのに対して，隣接性などを対象とする問題を平面に帰着させるときには，線分や面が伸び縮みしていても議論に支障をきたさないからである．

（例）『正二十面体の各面を赤，青，黄色の3色のいずれかで塗り，辺を共有する2面が異なる色になるようにできるか』

正二十面体がゴムでできているとする．その1つの面を取り，その切り口を広げて，ある平面にはると，正二十面体の展開図は，図Hのようになる．ただし，無限平面（図Hの円の外部）を切り取った正二十面体とみなす．ここで，図Hに示した20個の領域を題意をみたすように色を塗ることが可能なことを示せばよい．すると，確かに，図Iのように題意をみたすように色を塗ることができるので，上述の例題に対する答えは"YES"であることがわかる．題意をみたすような色の塗り方があることが示せた．

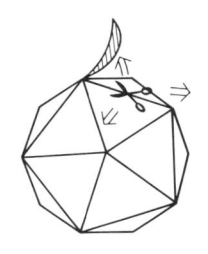

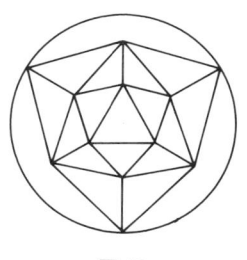

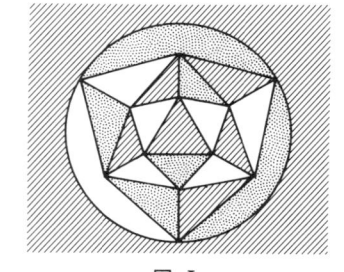

図 H   図 I

§2 立体図形の平面図形によるとらえ方（切り口，展開図） 25

[例題 1・2・1]
$$(x-y)^2+(y-z)^2+(z-x)^2=3 \quad \cdots\cdots(*)$$
で表される空間図形 T は，どのような図形か．

発想法

方程式 $(*)$ が，x, y, z 3変数について対称であることに注目し，直線 $x=y=z$ に垂直な平面群
$$x+y+z=k \quad (k \text{ はパラメータ})$$
で立体 T を切った切り口の図形を追跡するとよい．

解答 直線 $x=y=z$ に垂直な平面群を α とする．平面群 α の方程式は，パラメータ k を用いて，
$$x+y+z=k \quad \cdots\cdots ①$$
と表すことができる．
（①が代入できるように $(*)$ を変形すると）
$$\begin{aligned}(*) &\iff x^2-2xy+y^2+y^2-2yz+z^2+z^2-2xz+x^2=3 \\ &\iff 2x^2+2y^2+2z^2-2xy-2yz-2xz=3 \\ &\iff 3x^2+3y^2+3z^2-(x^2+y^2+z^2+2xy+2yz+2zx)=3 \\ &\iff 3(x^2+y^2+z^2)-(x+y+z)^2=3 \quad \cdots\cdots ②\end{aligned}$$
①，②を連立し，$(x+y+z)$ の項を消去すると，
$$x^2+y^2+z^2=1+\frac{k^2}{3} \quad \cdots\cdots ③$$

方程式③は，原点 O を中心とする半径 $\sqrt{1+\dfrac{k^2}{3}}$ の球を表す．

$\{①, ②\} \iff \{①, ③\}$ であるから，"平面群 α と立体 T の交わりの図形" は，"平面群 α と球③の交わりの図形" に等しい（図1）．

平面 α と球③の交わりは円であるが，この円を円 C_k とする．パラメータ k が変化するときの円 C_k の変化する様子を考察することにより，空間図形 T の概形を調べる．

球③の中心 $(0, 0, 0)$ から平面に下ろした垂線の足（円 C_k の中心）を A とする．このとき，線分 OA の長さは，ヘッセの公式を用いて，
$$OA=\frac{|k|}{\sqrt{1^2+1^2+1^2}}=\frac{|k|}{\sqrt{3}}$$
である．

ここで，円 C_k の半径を r $(r>0)$ とすると，
$$r^2=(\text{球③の半径})^2-(OA)^2$$

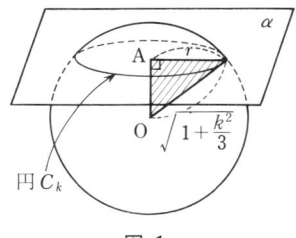

図 1

$$= \left(\sqrt{1+\frac{k^2}{3}}\right)^2 - \left(\frac{|k|}{\sqrt{3}}\right)^2$$
$$= 1$$
$$\therefore \quad r = 1 \quad (一定)$$

よって,円 C_k はパラメータ k の値にかかわらず半径 1 の円を表すので,立体 T は,

直線 $x = y = z$ を軸とする半径 1 の円柱面 ……(答)

を表す.

【別解】 $(x-y)^2 + (y-z)^2 + (z-x)^2 = 3$ ……(*)

より,(*) 上の 3 点 (x, y, z), (y, z, x), (z, x, y) について,

点 (x, y, z) と点 (y, z, x) の距離は $\sqrt{3}$

点 (y, z, x) と点 (z, x, y) の距離は $\sqrt{3}$

点 (z, x, y) と点 (x, y, z) の距離は $\sqrt{3}$

となることがわかる.

また,3 点 (x, y, z), (y, z, x), (z, x, y) は,平面 α
$$x + y + z = k \quad \cdots\cdots ①$$
上の点である(図 3).

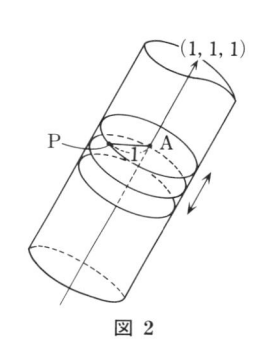

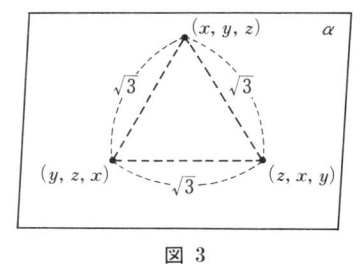

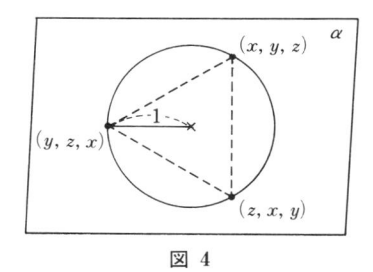

図 2

図 3

図 4

これら 3 点によってつくられる正三角形の重心(外心)は,
$$\left(\frac{x+y+z}{3}, \frac{x+y+z}{3}, \frac{x+y+z}{3}\right)$$
である.ゆえに,この三角形の重心は,つねに直線 $x = y = z$ 上に存在することがわかる.

1 辺の長さ $\sqrt{3}$ の正三角形において,頂点と重心の距離は 1 である.

よって,3 点 (x, y, z), (y, z, x), (z, x, y) は,平面 α 上において,
$$\left(\frac{x+y+z}{3}, \frac{x+y+z}{3}, \frac{x+y+z}{3}\right)$$
を中心とする,半径 1 の円周上の点である(図 4).

よって,k を動かすことにより,立体 T は,

直線 $x = y = z$ を軸とする半径 1 の円柱面 ……(答)

§2 立体図形の平面図形によるとらえ方（切り口，展開図）　27

----〈練習 1・2・1〉----
$$2(xy+yz+zx+x+y+z)+1=0 \quad \cdots\cdots(*)$$
で表される空間図形 T は，どのような図形か．

解答　直線 $x=y=z$ に垂直な平面群を α とする．平面群 α の方程式は，パラメータ k を用いて，
$$x+y+z=k \quad \cdots\cdots ①$$
と表すことができる．
　(①が代入できるように($*$)を変形すると)
$$\begin{aligned}
(*) &\Longleftrightarrow 2(xy+yz+zx)+2(x+y+z)+1=0 \\
&\Longleftrightarrow x^2+y^2+z^2+2(xy+yz+zx)+2(x+y+z)+1=x^2+y^2+z^2 \\
&\Longleftrightarrow (x+y+z)^2+2(x+y+z)+1=x^2+y^2+z^2 \quad \cdots\cdots ②
\end{aligned}$$
①，②を連立し，$(x+y+z)$ の項を消去すると，
$$\begin{aligned}
x^2+y^2+z^2 &= k^2+2k+1 \\
&= (k+1)^2 \quad \cdots\cdots ③
\end{aligned}$$
方程式③は，原点 O を中心とする，半径 $|k+1|$ の球を表す．
　$\{①, ②\} \Longleftrightarrow \{①, ③\}$ であるから，"平面群 α と立体 T の交わりの図形" は，"平面群 α と球③の交わりの図形" に等しい(図1)．
　平面 α と球③の交わりは円であるが，この円を円 C_k とする．パラメータ k が変化するときの円 C_k の変化する様子を考察することにより，空間図形 T の概形を調べる．球③の中心 $(0, 0, 0)$ から平面に下ろした垂線の足(円 C_k の中心)を A とする．このとき，線分 OA の長さは，ヘッセの公式を用いて，
$$\mathrm{OA} = \frac{|k|}{\sqrt{1^2+1^2+1^2}} = \frac{|k|}{\sqrt{3}}$$
である．
　ここで，円 C_k の半径を r $(r>0)$ とすると，
$$\begin{aligned}
r^2 &= (球③の半径)^2 - (\mathrm{OA})^2 \\
&= (k+1)^2 - \left(\frac{|k|}{\sqrt{3}}\right)^2 \\
&= \frac{2}{3}k^2+2k+1 \\
\therefore\ r &= \sqrt{\frac{2}{3}\left(k+\frac{3}{2}\right)^2 - \frac{1}{2}} \quad \cdots\cdots ④
\end{aligned}$$

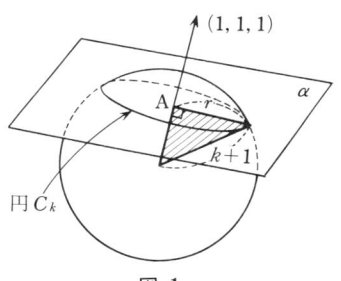

図1

また，切り口の存在する範囲は，

$\dfrac{2}{3}k^2+2k+1\geqq 0$

$\iff k\leqq \dfrac{-3-\sqrt{3}}{2},\ \dfrac{-3+\sqrt{3}}{2}\leqq k$

である（図2）．

いま，$b=\dfrac{-3-\sqrt{3}}{2},\ a=\dfrac{-3+\sqrt{3}}{2}$ とおく．

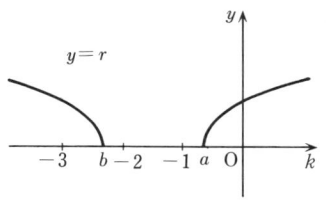

図 2

x 軸上で $\varDelta k$ 変化するとき，直線 $x=y=z$ 上では $\dfrac{\varDelta k}{\sqrt{3}}$ 変化する（図3）．

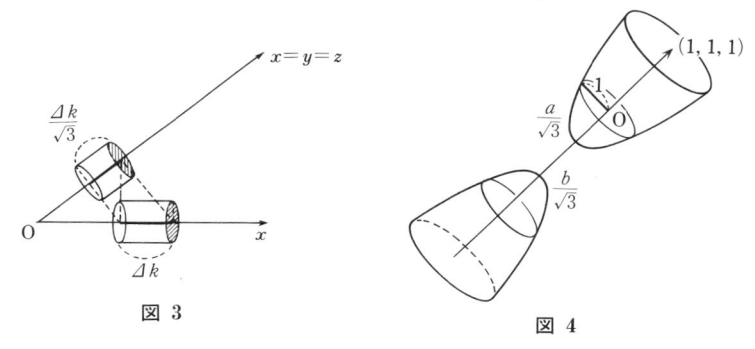

図 3

図 4

よって，立体 T の概形は，図4のようになる． ……(答)

[例題 1・2・2]

イオン性結晶の構造について考える．各イオンを球状の剛体とみなし，隣り合うイオンは互いに接しているとする．

陽イオンの半径を r_+，陰イオンの半径を r_- とするとき，次の各問いに答えよ．

(1) NaCl 型イオン結晶（図(a)）に関して，陰イオンの半径が最大となるとき，$\dfrac{r_+}{r_-}$ を求めよ．

(2) CsCl 型イオン結晶（図(b)）に関して，陰イオンの半径が最大となるとき，$\dfrac{r_+}{r_-}$ を求めよ．

(3) CaF$_2$ 型イオン結晶（図(c)）に関して，陰イオンの半径が最大となるとき，$\dfrac{r_+}{r_-}$ を求めよ．

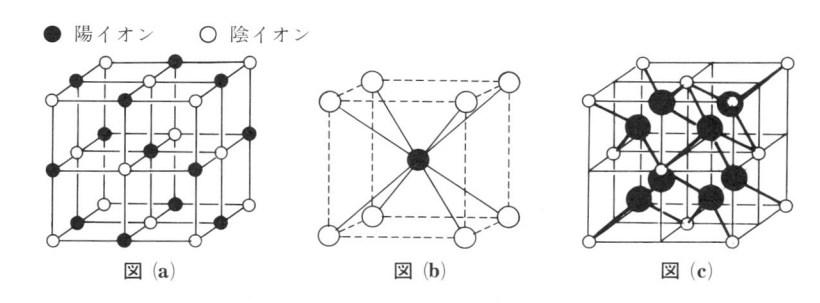

● 陽イオン　○ 陰イオン

図(a)　　　図(b)　　　図(c)

発想法

球が接する状態を扱う問題では，球の中心と接点を含む平面による切り口を考察するとよい．

解答　(1) 図1の正方形 ABCD を含む平面に注目する．

対角線 AC の長さを $2a$ とおく．

《このように変数を導入すると，r_- を分数ではなく，整数値で求めることができるので（①参照），$\dfrac{r_+}{r_-}$ を求める計算が容易になる．》

陰イオンの半径が最大になるのは，図2(b)のときである．

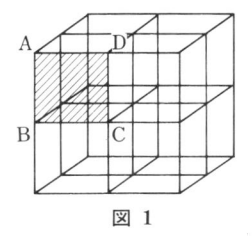

図1

(a) 陰イオンの半径が最大 ではないので不適当

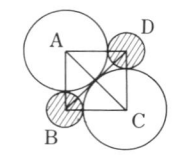

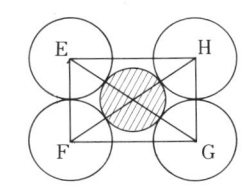

(b) 陰イオンの半径 が最大の状態

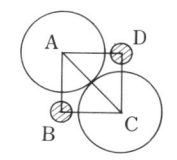

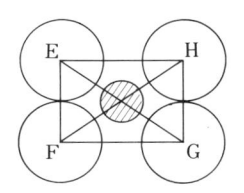

(c) 陰イオンと陽イオンが接 していないので不適当

図 2

このとき，辺 AC に注目すると，
$$2r_- = 2a \quad \cdots\cdots ①$$
辺 AB に注目すると，
$$r_- + r_+ = \frac{2}{\sqrt{2}}a \quad \cdots\cdots ②$$
が成り立つ．①, ②より，
$$r_+ = (\sqrt{2}-1)a$$
$$r_- = a$$
よって，
$$\boldsymbol{\frac{r_+}{r_-} = \sqrt{2}-1} \quad \cdots\cdots (答)$$

(2) 図 3 の長方形 EFGH を含む平面に注目する．辺 EF の長さを $2b$ とおく．陰イオンの半径が最大になるのは，図 4(b) のときである．

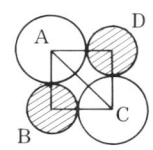

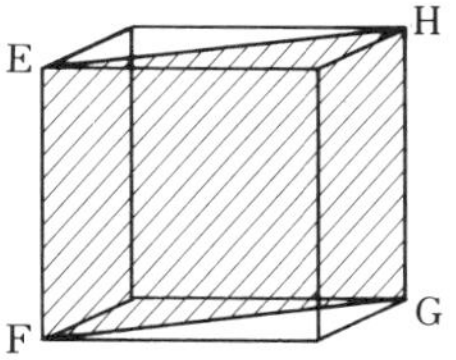

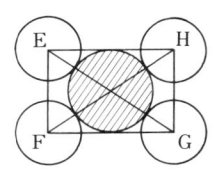

図 3

(a) 陰イオンの半径が最大 ではないので不適当

(b) 陰イオンの半径 が最大の状態

(c) 陰イオンと陽イオンが接 していないので不適当

図 4

このとき，辺 EF に注目すると，
$$2r_- = 2b \quad \cdots\cdots ③$$
対角線 EG に注目すると，
$$2r_- + 2r_+ = 2\sqrt{3}b \quad \cdots\cdots ④$$
が成り立つ．③, ④より，
$$r_+ = (\sqrt{3}-1)b$$

$r_- = b$

よって,

$$\frac{r_+}{r_-} = \sqrt{3} - 1 \quad \cdots\cdots(答)$$

(3) 図5の長方形IJKLを含む平面に注目する．辺JKの長さを$2c$とおく．陰イオンの半径が最大になるのは，図6(b)のときである．

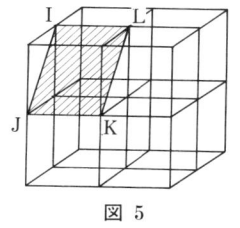

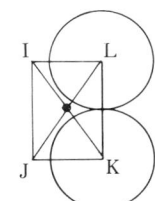

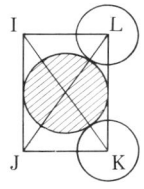

図 5

(a) 陰イオンの半径が最大ではないので不適当

(b) 陰イオンの半径が最大の状態

(c) 陰イオンと陽イオンが接していないので不適当

図 6

このとき，辺KLに注目すると，

$$2r_- = 2\sqrt{2}\,c \quad \cdots\cdots ⑤$$

対角線IKに注目すると，

$$2r_- + 2r_+ = 2\sqrt{3}\,c \quad \cdots\cdots ⑥$$

が成り立つ．⑤，⑥より，

$$r_+ = (\sqrt{3} - \sqrt{2})c$$
$$r_- = \sqrt{2}\,c$$

よって,

$$\frac{r_+}{r_-} = \frac{\sqrt{6} - 2}{2} \quad \cdots\cdots(答)$$

[コメント] イオンなどを球状の剛体とみなすように，具体的なものを抽象化して議論することは自然科学の常套手段の1つである．抽象化することにより，ものごとの本質的な部分のみが浮き彫りにされ，考えやすくなる場合が多いからである（図7）．

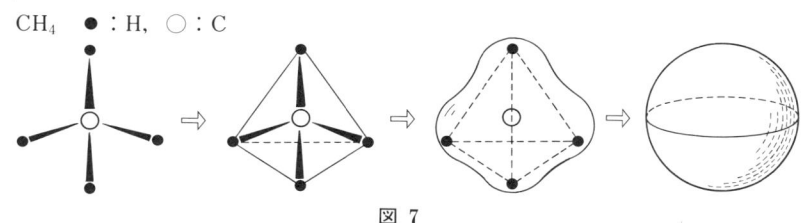

CH_4　● : H，○ : C

図 7

第1章 立体の把握法

─〈練習 1・2・2〉─

正四角すい O-ABCD において，
$$OA = OB = OC = OD = 2\sqrt{6}$$
$$AB = BC = CD = DA = 4$$
が成り立っている．

正四角すい O-ABCD の 8 本の辺すべてに接し，中心を正四角すいの内部にもつ球の半径を r とし，球の中心 S から底面への距離を l とする．r と l を求めよ．

発想法

[方針1] 接点と球 S の中心 S を含む平面による図形の切り口として次の 2 種類が考えられる．辺 AB, CD の中点をそれぞれ M, N，辺 AC の中点を H とし，辺 OA と球の接点を T とするとき，平面 OAC, OMN による図形の切り口を考察するとよい（図 1, 2）．

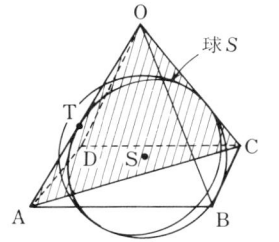

球 S は，点 T で辺 AC に接している．

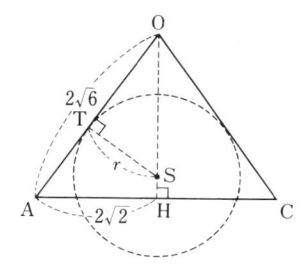

図 1

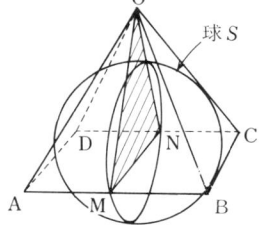

球 S は，点 M, N で，それぞれ辺 AB, CD に接している．

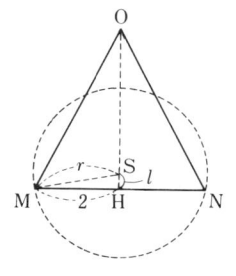

図 2

§2 立体図形の平面図形によるとらえ方（切り口，展開図） 33

[**方針 2**] 三角形 OAB を含む平面による球の切り口が，接点を含むことを利用する（図 3）．

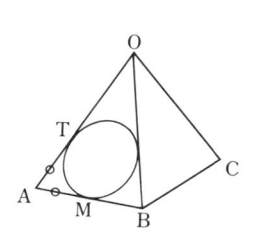

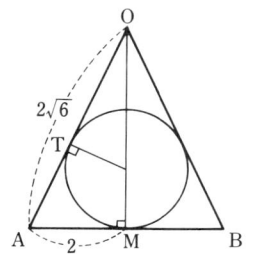

図 3

解答 平面 OAC による切り口において，各辺の長さは，図 4 のようになる．l と r の関係式は，△OAH と △OST が相似であることから，

$$\triangle \text{OAH} \circ \triangle \text{OST} \iff \text{OA}:\text{AH}=\text{OS}:\text{ST}$$
$$\iff 2\sqrt{6}:2\sqrt{2}=(4-l):r$$
$$\iff \sqrt{2}(4-l)=\sqrt{6}r$$
$$\therefore \quad l=4-\sqrt{3}r \quad \cdots\cdots ①$$

ここで，$l \geqq 0$ より，r の変域は，

$$0 \leqq r \leqq \frac{4}{\sqrt{3}} \ (=2.30\cdots\cdots) \quad \cdots\cdots ②$$

である．

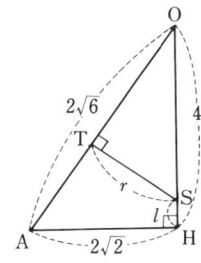

ここから先は，次の 2 通りの解法が考えられる．

図 4

[**方針 1**] 平面 OMN による切り口において，△SMH の各辺の長さは，図 5 のようになる．l と r の関係式は，△SMH に三平方の定理を用いて，

$$r^2 = l^2 + 2^2 \quad \cdots\cdots ③$$

① を ③ に代入すると，

$$r^2 = (4-\sqrt{3}r)^2 + 4$$
$$\iff r^2 - 4\sqrt{3}r + 10 = 0$$
$$\therefore \quad r = 2\sqrt{3} + \sqrt{2} \ (=4.8\cdots\cdots)，または，r = 2\sqrt{3} - \sqrt{2} \ (=2.04\cdots\cdots)$$

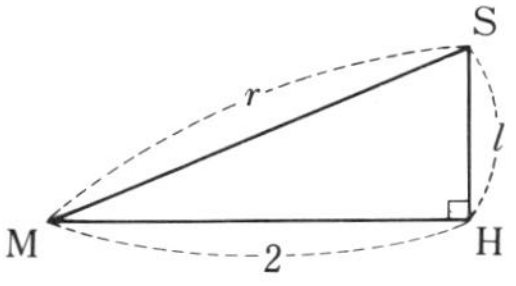

図 5

よって，求める r は，不等式 ② に注意して，

$$\boldsymbol{r = 2\sqrt{3} - \sqrt{2}} \quad \cdots\cdots (答)$$

l は，r の値を ① に代入して，

$$\boldsymbol{l = \sqrt{6} - 2} \quad \cdots\cdots (答)$$

[方針 2] 図3より，AT＝AM だから，
　　OT＝OA－AT＝OA－AM
　　　　＝$2\sqrt{6}-2$　　……④
　図4より，
　　△OAH∽△OST ⟺ OH：AH＝OT：TS
　　　　　　　　　⟺ $4:2\sqrt{2}=$OT：r
　∴　OT＝$\sqrt{2}r$　……⑤
④，⑤より，
　$2\sqrt{6}-2=\sqrt{2}r$
　∴　$r=2\sqrt{3}-\sqrt{2}$　　　　……(答)
この値を①に代入して，
　$l=\sqrt{6}-2$　　　　　　　……(答)

§2 立体図形の平面図形によるとらえ方(切り口,展開図) 35

[例題 1・2・3]

直方体の部屋 ABCD-EFGH があり,縦 AB,横 AD,高さ AE の長さが,それぞれ 12m,30m,12m である.羽根の折れたハエが,天井の端 AB の中点から 1m 真下の,壁 ABFE 上の点にいる.食べ物が,床の端 GH の中点から 1m 真上の,壁 DCGH 上の点にある.このハエは 40m だけ歩くエネルギーをもっている(飛べないことに注意).このとき,ハエが食べ物にたどりつくことのできるルートを示せ.

発想法

次のように考えた人はいないだろうか.

〔天才的(?)解法〕

点 P,Q をそれぞれ現在のハエ,食べ物の位置とする.辺 EF,HG の中点をそれぞれ M,N とする(図 1(a)).

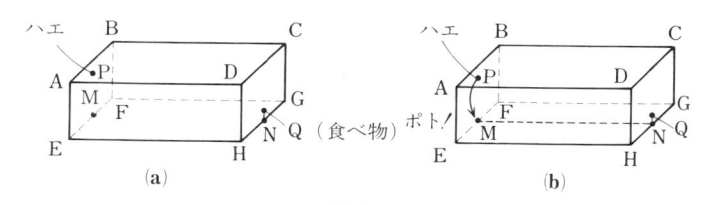

図 1

点 P から点 M まで落ち,次に点 M から点 N まで歩く.次に点 N から点 Q まで歩く(図 1(b)).よって,歩いた距離は合計

 MN+NQ=30+1=31 [m]

これが最短のルートである.

(これは,ほんの冗談 !!)

ティッシュの箱と糸を用いて,点 P,Q を結ぶ最短ルートを予測することも可能だが,ハエは壁の上を歩く(つまり平面上を移動する)のだから,展開図で考えるのがよかろう.

展開図において,所望の最短距離は点 P と点 Q を結ぶ線分により与えられる.

展開図の描き方は何通りもある(たとえば,図 2(a)〜(d)).この問いに対して,展開図を,たとえば,図 2(a),(b) のように描いたとすると,最短ルートを得ることができない(それぞれの図における線分 PQ の長さは 40m より大である).

また,題意をみたすルートを図 2(a) または (b) を用いて示そうとすると,ハエの歩くルートはバラバラに分断されてしまい,考えにくい.

それに対し,図 2(c) または (d) の展開図で考えると,所望のルートが連結した状態

で得られるので，都合がよい．だから，図2(c)または(d)の展開図で考えればよい．

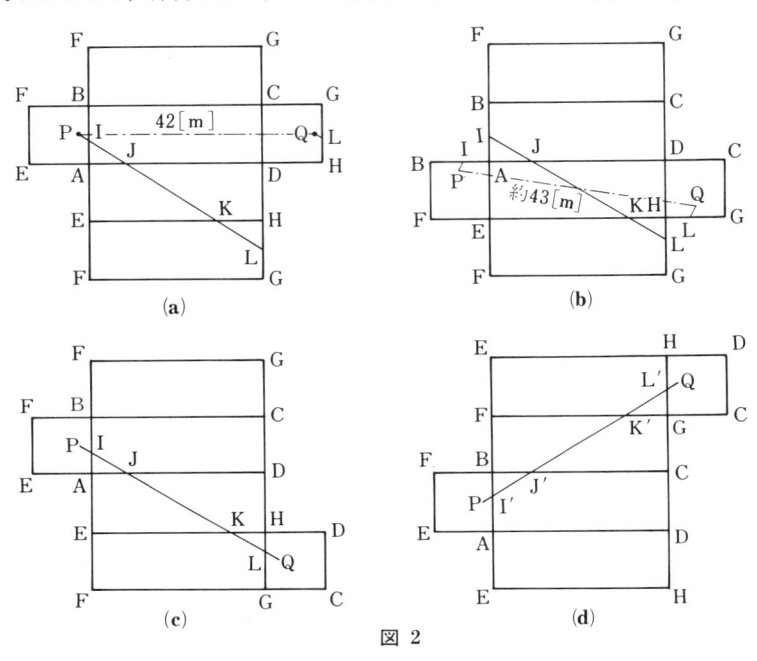

図 2

解答 点 P, Q をそれぞれ現在のハエ，食べ物の位置とする．図3において，
$$PQ = \sqrt{24^2 + 32^2} = 8\sqrt{3^2 + 4^2} = 40 \text{ [m]}$$
であり，また 40 m より近いルートも存在しないこともわかる．図3の開き方として図2(c), (d) のような2通りが考えられる．

よって，所望のルートは **図4** ……(答)
の2通りである．

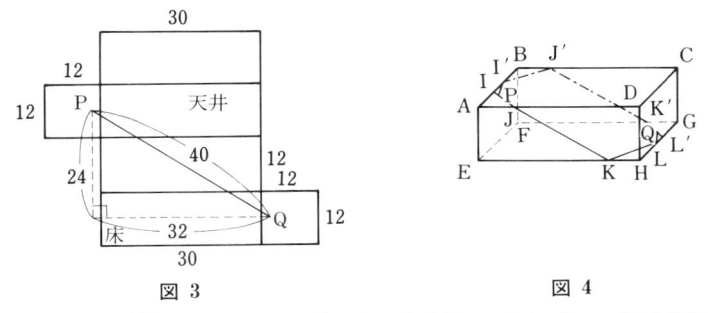

図 3　　　図 4

驚くべきことに，最短のルートはいずれも，直方体の6面のうち5面を通過している!! 立体のままで考えていたら，このような答えが考えつくだろうか？

[例題 1・2・4]

正二十面体の各頂点に，赤，青，黄のいずれかの色を勝手に塗る．このとき，赤，青，黄の3頂点を有する三角形は，偶数個（0個も含む）であることを証明せよ．

発想法

正二十面体は，頂点の数が12個，辺の数が30本であり，20個の正三角形で囲まれた立体である．しかし，正二十面体をデッサンしたり，その展開図を正確に描くことは難しい．そこで，正二十面体がゴムでできているとみなし，正二十面体の1つの面（正三角形）をハサミで切り取り，切り口の三角形を広げて平面にはりつけた図を描いてみよう（図1）．ただし，無限平面は，切り取った三角形と見なすことにする．

図 1

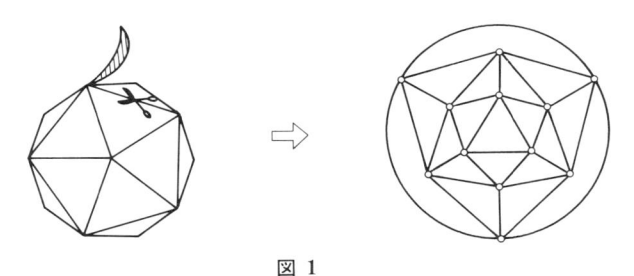

図1の各頂点（合計12個）に赤，青，黄のいずれかの色を勝手に塗るので，各点の色の塗り方は3通りあることを考えると，頂点の色の塗り方は全部で $3^{12}(=531441)$ 通りある．ゆえに，すべての場合を調べるという方針は，絶望的だ．

そこで，問題文中にある語句〝偶数個〟という言葉に注目し，なんとか〝偶奇性の議論〟にもちこもう．

解答

12個の頂点のおのおのに勝手に3色のいずれかの色を塗る．全部で20個ある三角形面 T_i ($i=1, 2, \ldots\ldots, 20$) のおのおのについて，赤点と青点を結ぶ（正二十面体の）辺の本数を a_i ($i=1, 2, \ldots\ldots, 20$) とする．まず，それらの数をすべて加え合わせた数を S，すなわち，

$$S = a_1 + a_2 + \cdots\cdots + a_{20} \quad \cdots\cdots ①$$

とおき，S について考察する．

赤点と青点を結ぶ辺は2つの三角形面の境界辺となっているので，重複して数えられている（図2）．

よって，

『S はつねに偶数（0も含む）である』 ……②

たとえば，図3のように各頂点を塗った場合，

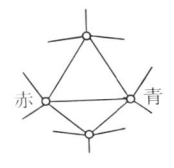

図 2

$S = a_4 + a_8 + a_9 + a_{11} + a_{12} + a_{14} + a_{15} + a_{16} + a_{17} + a_{19} + a_{20}$
$ = 1+2+2+1+1+2+1+1+1+1+1$
$ = 14$ （偶数）

○：赤　●：青　△：黄

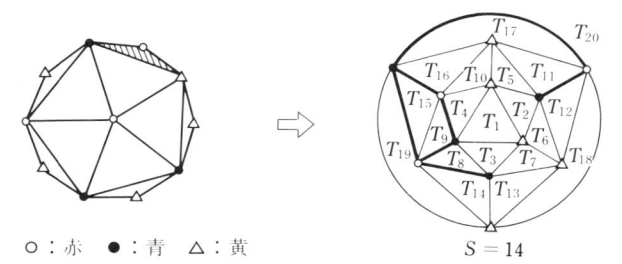

図 3

　次に，任意の1つの三角形面 T_i に注目するとき，それをとり囲む3本の辺のうち，赤点，青点を結ぶ辺の本数 a_i について考察する．a_i は，0, 2(偶数)，1(奇数) のいずれかである（図3参照）．とくに，

『$a_i = 1$(奇数) となるのは，三角形面 T_i の3頂点に赤，青，黄が1個ずつ塗られているとき，また，そのときに限る』……③

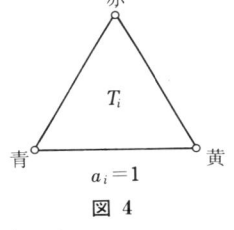

図 4

ことがわかる（図4；三角形面 T_i の3頂点の塗り方は，$3^2 = 9$ (通り) あるが，実験してみよ）．

　以上より，"赤，青，黄の3頂点を有する三角形面が偶数個である"ことと，"式①の右辺の和の形のなかに，$a_i = 1$ になる項 a_i が偶数個存在すること"とは同値であるが，②, ③より，$a_i = 1$ となる項 a_i が，偶数個存在することは自明である．

§2 立体図形の平面図形によるとらえ方(切り口, 展開図)　39

―〈練習 1・2・3〉――――――――――――――――――
　正 n 面体 ($n=4, 6, 8, 12, 20$) のおのおのについて考える．
　次の命題をみたす n の値をすべて求めよ．
(1)　ある頂点から出発して，正 n 面体の稜(辺)をつたって，すべての頂点
　　をちょうど1回通過して出発点に戻るルートが存在する．
(2)　ある頂点から出発して，すべての稜(辺)をちょうど1回通過して出発点
　　に戻るルートが存在する．

|発想法|

　命題(1), (2)ともに，正 n 面体の頂点と辺の関係が重要である．よって，正 n 面体がゴムでできていると考え，その1つの面をハサミで切り取り，切り口を広げて平面にはりつけて得られる"展開図"を利用して考えればよい．そのほうが，考察すべきルートを平面上でとらえることができるので，立体で議論するより見通しがよい．

　正 n 面体の1つの面を切り取り，切り口を広げ，多面体にはりつけた展開図を図1に示す．

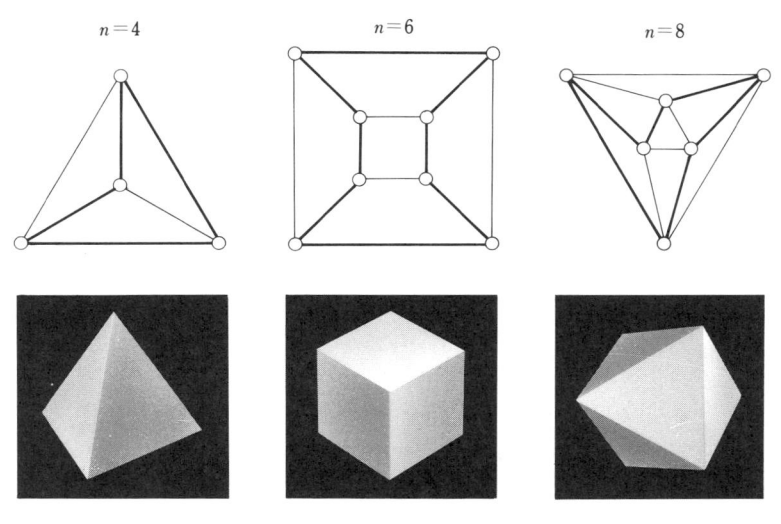

図 1

$n=12$ $n=20$

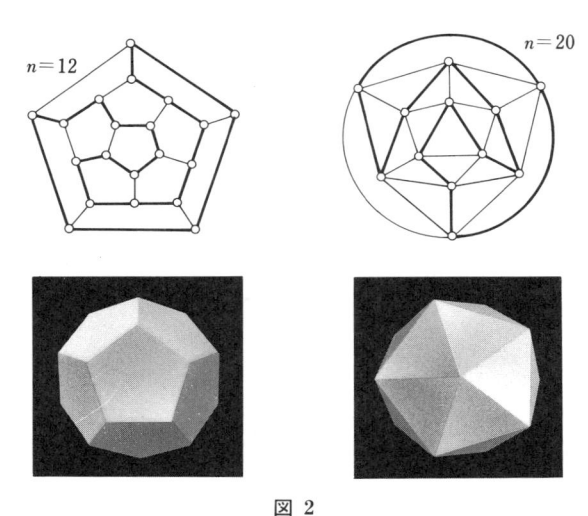

図2

解答 (1) すべての n ($n=4, 6, 8, 12, 20$) について所望のルートが存在する(図1の太線部分がそのルート).

$n=4, 6, 8, 12, 20$ ……(答)

(2) 所望のルートは,

"一筆書きができて,かつ,出発点と終点が一致している" ……(*)

ようなルートのことである.

一筆書きの途中で点を通過するとき,その点に入る辺があれば必ず出る辺がある(図3).

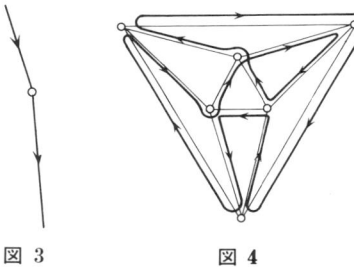

図3　図4

よって,(*)の条件をみたすためには,各点に接続する線分の本数が偶数であることが必要である.

よって,この条件をみたすものは,

$n=8$

のときだけである.そして,$n=8$ の場合について考えると,確かに,図4に示すルートが,(*)をみたしている.

$n=8$ ……(答)

§3 空間図形から平面図形への特殊な変換

xyz 空間において,平面 α 上の図形 A の面積 S と,平面 α と角 θ をなす平面 β に図形 A を正射影してできる影の面積 S' の間には,

$S' = S|\cos\theta|$ ……(∗)

という関係が成り立っている.

(∗)は,S を利用して S' を求める際にはそのまま使用することができるが,S' を利用して S を求めるときには,

$$S = \frac{S'}{|\cos\theta|}$$

と変形する必要があるので,面積を求めたい図形が S, S' のいずれの状態にあるのか(すなわち,正射影のほうなのか,正射影される立体なのか)を注意して見極めなければならない(図 A).

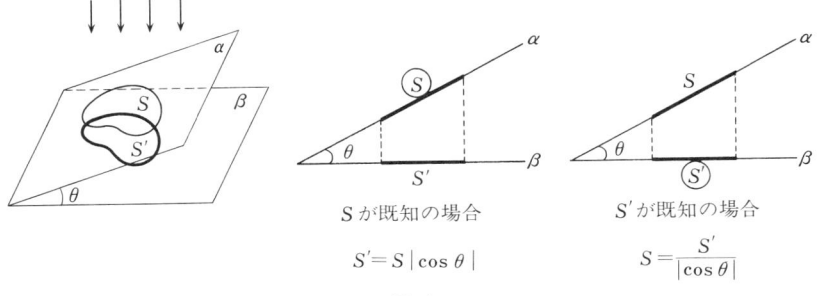

図 A

S が既知の場合　　　　S' が既知の場合

$S' = S|\cos\theta|$ 　　　　$S = \dfrac{S'}{|\cos\theta|}$

(例) xyz 空間において,平面 $y = (\tan 75°)\cdot x$ 上にある半径 1 の円板 A を,ベクトル $(1, -1, 0)$ に平行な光線 B により,平面 $y = 0$ に射影する.

このとき,平面 $y = 0$ 上に現れる図形 C の面積を求めよ.

正射影の関係(∗)を利用するためには,どの平面に正射影されているかをまず確認しなければならない.本問の場合,影をつくる図形が存在する平面も,影が現れる平面も,ともに光線に対して垂直ではないので,光線に垂直な平面を自力で導入し,その平面を媒介として(∗)を利用し,正射影の面積を求めなければならない.

ベクトル $(1, -1, 0)$ を法線ベクトルにもつ平面の 1 つは,

$y = x$

だから,この平面を利用することを考えよう(図 B).

図 B   図 C

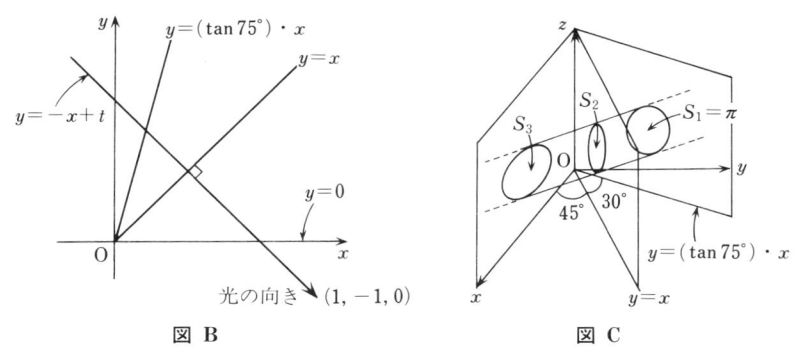

平面 $y=(\tan 75°)\cdot x$ 上に存在する半径1の円板 A の面積を S_1, 円板 A の光線 B による平面 $y=x$ への正射影の面積を S_2, 図形 C の面積を S_3 とする (図 C). このとき, 面積 S_1 と S_2, S_2 と S_3 の間に, 正射影の関係 (＊) を用いることができる (図 D).

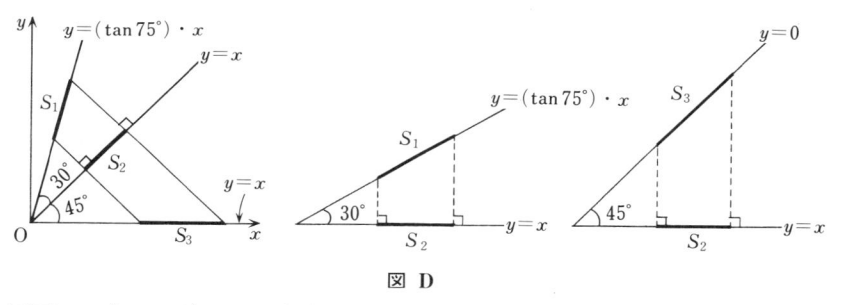

図 D

平面 $y=(\tan 75°)\cdot x$ と平面 $y=x$ のなす角；30°

平面 $y=x$ と平面 $y=0$ のなす角；45°

であることに注意して,

$S_1 = \pi$

$S_2 = S_1 \cos 30° = \dfrac{\sqrt{3}}{2}\pi$

$S_3 = \dfrac{S_2}{\cos 45°} = \dfrac{\sqrt{3}}{2}\pi \cdot \sqrt{2} = \dfrac{\sqrt{6}}{2}\boldsymbol{\pi}$ ……(答)

以上は, 平行な光線による空間図形とその影についての考察であったが, 次に, 点光源による空間図形とその影について考察してみよう. 点光源からの光は, 点光源を中心として 360°, あらゆる方向に行き渡ると考えればよい (図 E).

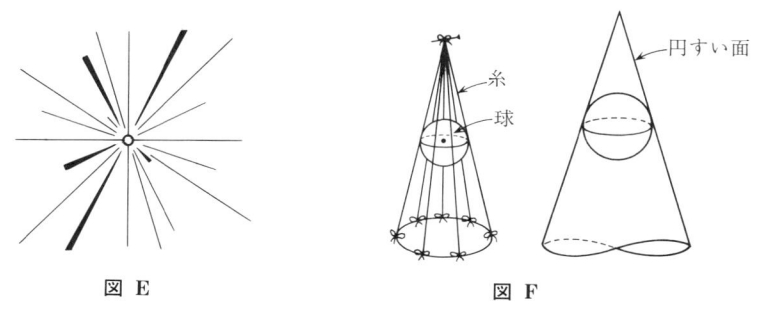

§3 空間図形から平面図形への特殊な変換　43

図 E　　　　　　　　　図 F

とくに，点光源からの光を遮る空間図形が球や円であった場合，影と光の狭間は，光源を頂点とする円すい面をつくり出す（図F）．

したがって，点光源の光による空間図形 A（球や円）のある平面 α への影とは，円すい面を平面 α で切った切り口にほかならない．軸 l と角 θ をなす円すい面を平面で切ったときの切り口に関する基本事項を以下にまとめておく（図G）．

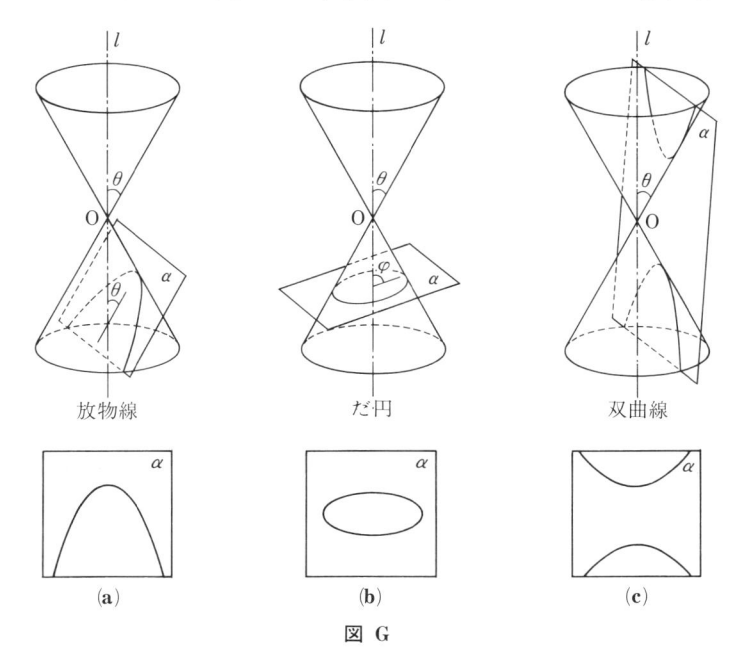

放物線　　　　　　だ円　　　　　　双曲線

(a)　　　　(b)　　　　(c)

図 G

(1) 軸 l と角 θ をなす平面の切り口には，放物線が現れる（図G(a)）．
(2) 軸 l と角 φ（$\varphi > \theta$）をなす平面の切り口には，だ円が現れる（図G(b)）．
(3) 軸 l と角 φ（$\varphi < \theta$）をなす平面の切り口には，双曲線が現れる（図G(c)）．

[例題 1・3・1]

平面 P 上にある正三角形を他の平面 P' に正射影する．P' 上に射影された三角形の 3 辺のおのおのの長さの平方の和は，正三角形の P 上への置き方には関係なく一定であることを示せ．

発想法

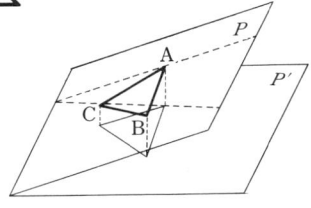

図 1

平面 P 上の正三角形 ABC を他の平面 P' に正射影して得られる三角形 A′B′C′ は，一般には正三角形とはならない（図 1）．したがって，与えられた正三角形の 1 辺の長さと，各辺の平面 P' 上への正射影の長さとの関係をそれぞれ求めることを考える．

そのために，平面 P と平面 P' のなす角を θ，交線を l とし，l と線分 AB とのなす角を ϕ とおく．$\phi = 0$，$\phi = \dfrac{\pi}{2}$ のときの AB と A′B′ の関係が，それぞれ

$$AB = A'B', \quad A'B' = AB \cos\theta \quad \cdots\cdots ①$$

であることは，図 2 から容易にわかる．

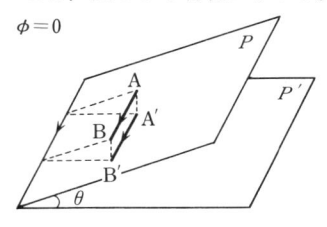

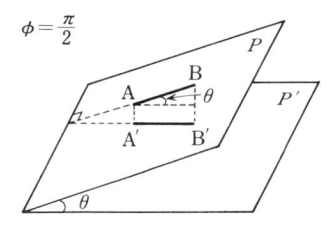

図 2

さて，この関係を利用して，平面 P 上の任意の線分 AB に対して，AB と A′B′ の関係を次のようにして求めることができる．

点 A を通り直線 l に平行な直線と，点 B を通り直線 l に垂直な直線の交点を C とし，点 C を平面 P' に正射影した点を C′ とする（図 3）．

このとき，① より，

$$AC = A'C', \quad B'C' = BC \cos\theta$$

図 3

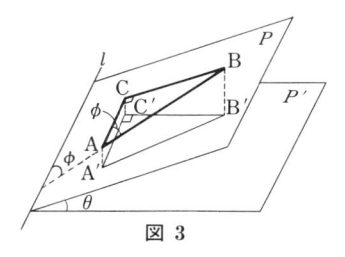

§3 空間図形から平面図形への特殊な変換　45

である．△A'B'C' も，∠C'=90° の直角三角形なので，三平方の定理により，
$$(A'B')^2=(A'C')^2+(B'C')^2$$
$$=(AC)^2+(BC\cos\theta)^2 \quad \cdots\cdots ②$$
と表される．ここで，簡単のために，AB=1 とすると，
$$AC=\cos\phi, \quad BC=\sin\phi \quad \cdots\cdots ③$$
である (図4)．③ を ② に代入して，
$$(A'B')^2=\cos^2\phi+(\sin\phi\cos\theta)^2 \quad \cdots\cdots(*)$$
辺 B'C'，C'A' も同様にして，ϕ と θ を用いて表され

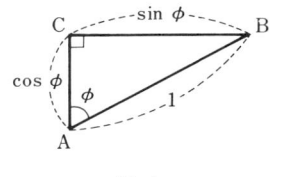

図 4

る．あとは，実際に $(A'B')^2+(B'C')^2+(C'A')^2$ を計算し，その値が ϕ とは関係のない値であることが示されればよい．

解答　(「発想法」で定めた記号を使用する)

平面 P 上の正三角形 EFG の1辺の長さを1としても一般性を失わない．

正三角形 EFG の1辺と直線 l のなす角を ϕ とするとき，他の2辺と直線 l のなす角は，それぞれ $\phi+\dfrac{\pi}{3}$，$\phi+\dfrac{2}{3}\pi$ である (図5)．

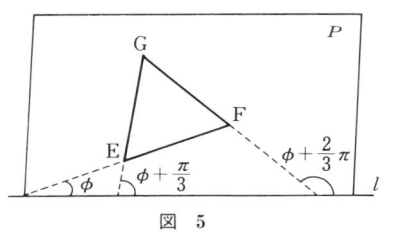

図 5

よって，正三角形 EFG を平面 P' に正射影した三角形の各辺の長さは，(*) より，それぞれ，
$$\cos^2\phi+(\sin\phi\cos\theta)^2$$
$$\cos^2\left(\phi+\frac{\pi}{3}\right)+\left\{\sin\left(\phi+\frac{\pi}{3}\right)\cos\theta\right\}^2$$
$$\cos^2\left(\phi+\frac{2}{3}\pi\right)+\left\{\sin\left(\phi+\frac{2}{3}\pi\right)\cos\theta\right\}^2$$
である．これより，求める和 T は，
$$T=\{\cos^2\phi+(\sin\phi\cos\theta)^2\}+\left\{\cos^2\left(\phi+\frac{1}{3}\pi\right)+\left(\sin\left(\phi+\frac{1}{3}\pi\right)\cos\theta\right)^2\right\}$$
$$+\left\{\cos^2\left(\phi+\frac{2}{3}\pi\right)+\left(\sin\left(\phi+\frac{2}{3}\pi\right)\cos\theta\right)^2\right\}$$
$$=\frac{3}{2}(1+\cos^2\theta)$$

となる．この式は，T が θ にのみ依存することを示している．

よって，T は正三角形の P 上への置き方 (ϕ) には関係なく一定である．

[例題 1・3・2]

空間内に 4 点 A(1, 1, 2), B(2, 0, 2), C(0, −2, 2), D(−1, −1, 2) が与えられている.

(1) 原点 O(0, 0, 0) および 2 点 A, B を通る平面 α の方程式を求めよ.
(2) z 軸に平行な光線を z 軸の正の方向からあてる.このとき,平面 α 上にできる四角形 ABCD の影の面積を求めよ.

発想法

4 点 A, B, C, D の z 座標がすべて 2 であることから,四角形 ABCD は xy 平面に平行であることに注意せよ.

四角形 ABCD の影 ABC′D′ の面積を S,四角形 ABCD の面積を S',平面 α と平面 $z=2$ (四角形 ABCD を含む平面) のなす角を θ とおく.このとき,S, S', θ の間には,

$$S = \frac{S'}{|\cos\theta|} \quad \cdots\cdots(*)$$

が成り立つ.

解答 (1) 平面 α は原点 O を通るから,
$ax+by+cz=0$ と書ける.

さらに,点 A, B を通るから,$a+b+2c=0$,$2a+2c=0$

これより,$a:b:c = 1:1:(-1)$

よって,平面 α の方程式は,$\bm{x+y-z=0}$ ……(答)

(2) 四角形 ABCD の面積 S' は,図 2 より,4 ……①

また,平面 α と平面 $z=2$ のなす角 θ は,平面 α の法線ベクトルが $(1, 1, -1)$,平面 $z=2$ の法線ベクトルが $(0, 0, 1)$ であることから,

$$\cos\theta = \frac{(1, 1, -1)\cdot(0, 0, 1)}{\sqrt{1^2+1^2+(-1)^2}\sqrt{0^2+0^2+1^2}} = -\frac{1}{\sqrt{3}}$$

……②

よって,求める面積 S は,①,② を (*) に代入して,

$$S = \frac{S'}{|\cos\theta|} = \frac{4}{\left|-\frac{1}{\sqrt{3}}\right|} = \bm{4\sqrt{3}} \quad \cdots\cdots(答)$$

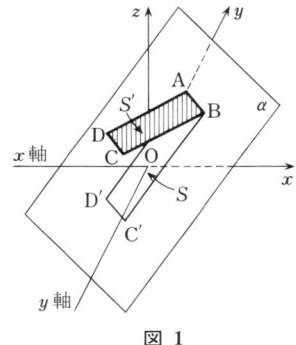

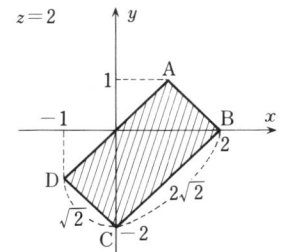

図 1

四角形 ABCD は長方形

図 2

§3 空間図形から平面図形への特殊な変換 47

―〈練習 1・3・1〉―

図のような，1辺の長さ 12 の立方体 ABCD-EFGH がある．辺 BF, DH を 3:1 に内分する点をそれぞれ点 B′, D′ とする．3点 A, B′, D′ を通る平面 α で立方体 ABCD-EFGH を切るとき，次の各問いに答えよ．

(1) 平面 α で切った立方体の切り口の面積を求めよ．

(2) 平面 α で切った立方体の2つの部分の体積を求めよ．

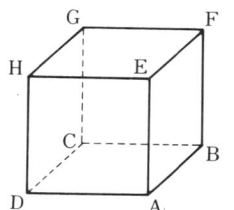

発想法

後の計算のために，図1のように座標を導入する．

平面 α による切り口は，図2のような五角形になる．この面積を S とする．次に，この五角形を平面 xy に正射影した図形も五角形となるが（図3），この面積を S' とする．xy 平面と平面 α のなす角を θ とする．このとき，S, S', θ の間には，

$$S = \frac{S'}{|\cos\theta|} \quad \cdots\cdots(*)$$

が成り立つ．

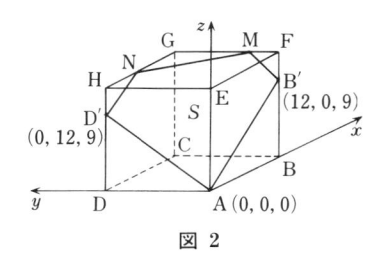

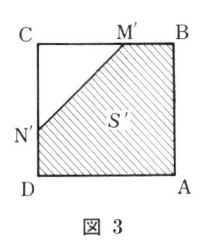

図 1

図 2   図 3

また，この五角形の点 A, B′, D′ 以外の頂点を M, N とする．点 M, N の座標をそれぞれ M(12, m, 12), N(n, 12, 12) とする．m, n の値がわかれば，切り口の面積を求める準備が整ったことになる．

m, n の値は，△NHD′ と △ADD′，△MFB′ と △ABB′ が相似であることを利用して求めることができる．しかし，平面 α の方程式は，θ を求めるときや(2)で利用することになるので，まず平面 α の方程式を求め，その方程式に点 M, N の座標を代入することにより m, n の値を求めるほうがよいであろう．

48　第1章　立体の把握法

解答　（以下，「発想法」で定めた記号を使用する）

平面 α の方程式を求める．平面 α は，$\overrightarrow{AB'}$, $\overrightarrow{AD'}$ に垂直なベクトル $(3, 3, -4)$ を法線ベクトルとし，原点 $A(0, 0, 0)$ を通るので，

$$3x + 3y - 4z = 0$$

(1)　平面 α と xy 平面のなす角 θ は，平面 α の法線ベクトルが $(3, 3, -4)$，xy 平面の法線ベクトルが $(0, 0, 1)$ であることから，

$$\cos\theta = \frac{(0, 0, 1) \cdot (-3, -3, 4)}{\sqrt{1} \cdot \sqrt{3^2 + 3^2 + (-4)^2}} = \frac{4}{\sqrt{34}} \quad \cdots\cdots ①$$

をみたす．

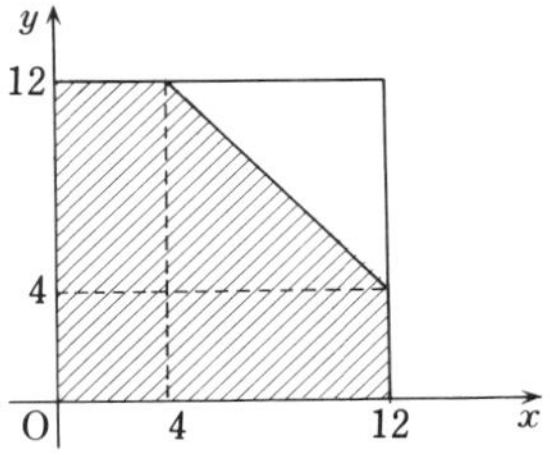

xy 平面上の五角形の面積 S' は，図4のように分割して，

$$S' = \square - \square = 12^2 - \frac{8^2}{2} = 112 \quad \cdots\cdots ②$$

である．

図4

よって，①，② を (*) に代入して，求める面積 S は，

$$S = \frac{S'}{\cos\theta} = \frac{112}{\frac{4}{\sqrt{34}}} = \mathbf{28\sqrt{34}} \quad \cdots\cdots(答)$$

(2)　まず，点 E を含むほうの立体 E の体積 V を求める．

立体 E を図5のように分割し，それぞれを立体 E_1, E_2, E_3 とする．立体 E_1 は五角形 $AB'MND'$ を底面とする五角すいであり，立体 E_2, E_3 はともに合同な三角すいである．よって，立体 E_1, E_2 の体積をそれぞれ V_1, V_2 とすると，

$$V = V_1 + 2V_2 \quad \cdots\cdots(**)$$

である．

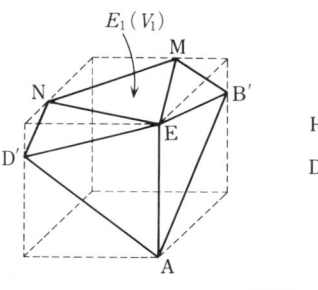

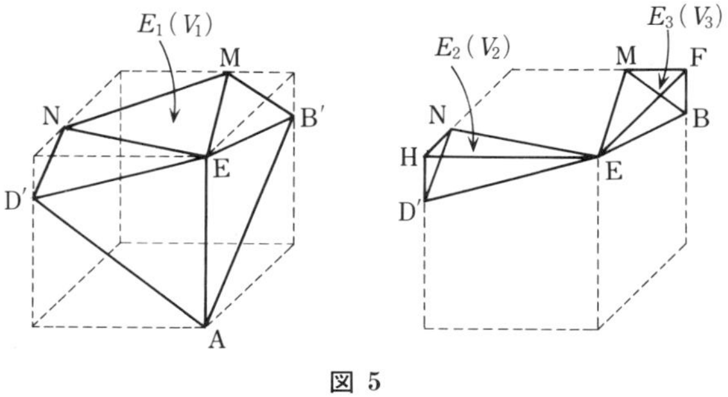

図5

点 $E(0, 0, 12)$ と平面 α の距離は，ヘッセの公式を用いて，

$$\frac{|(-4) \times 12|}{\sqrt{3^2 + 3^2 + (-4)^2}} = \frac{48}{\sqrt{34}}$$

よって，

§3 空間図形から平面図形への特殊な変換 49

$$V_1\left(\begin{smallmatrix}\text{図}\end{smallmatrix}\right)=(\text{五角形 AB'MND'})\times(\text{高さ})\times\frac{1}{3}$$
$$=28\sqrt{34}\times\frac{48}{\sqrt{34}}\times\frac{1}{3}=448 \quad \cdots\cdots\text{①}$$

$$2V_2=2\times\left(\begin{smallmatrix}\text{図}\end{smallmatrix}\right)=2\times\frac{3\times 4}{2}\times 12\times\frac{1}{3}=48 \quad \cdots\cdots\text{②}$$

よって，立体 E の体積 V は，($**$) に①，②を代入して，
$$V=448+48=\mathbf{496} \quad \cdots\cdots\text{(答)}$$
である．

次に，立方体 ABCD-EFGH から立体 E を除いた立体 F の体積 U を求める．

U は，立方体 ABCD-EFGH の体積から，立体 E の体積をひくことにより求めることができる．よって，U は，

$$U=\begin{smallmatrix}\text{図}\end{smallmatrix}-V=12^3-496=\mathbf{1232} \quad \cdots\cdots\text{(答)}$$

〈練習 1・3・2〉

空間内で，点 $V(0, 0, 1)$ を頂点とし，xy 平面上の円板 $x^2+y^2 \leq 1$ を底面とする円すいを K とする．また，原点 O を通りベクトル $(0, -\sin\theta, \cos\theta)$（ただし，$0<\theta<\dfrac{\pi}{2}$）に垂直な平面を α とする．

(1) 平面 α の方程式を求めよ．

(2) $\theta=\dfrac{\pi}{4}$ のとき，平面 α が円すい K によって切りとられる部分 M の面積を求めよ．

解答 (1) 法線ベクトル $(0, -\sin\theta, \cos\theta)$ をもち，原点 O を通る平面 α の方程式は，
$$-y\sin\theta + z\cos\theta = 0 \quad \cdots\cdots(答)$$

(2) $\theta=\dfrac{\pi}{4}$ のとき，平面 α の方程式は，
$$-y+z=0 \quad \cdots\cdots ①$$
である．

M の面積を S，M を xy 平面に正射影した図形の面積を S' とすると，
$$S = \dfrac{S'}{\cos\dfrac{\pi}{4}} = \sqrt{2}S' \quad \cdots\cdots(*)$$
である（図 1）．

図 1

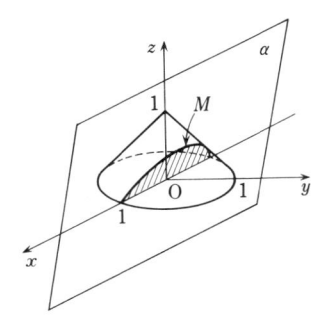

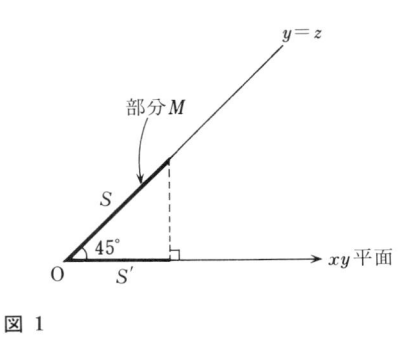

そこで，S' を求める．

円すい K の側面の方程式は，円すい K を $z=$（一定）の平面で切った切り口が半径 $(1-z)$ の円になることから，
$$x^2+y^2 = (1-z)^2 \quad \cdots\cdots ②$$
で与えられる（図 2）．

§3 空間図形から平面図形への特殊な変換　51

図 2

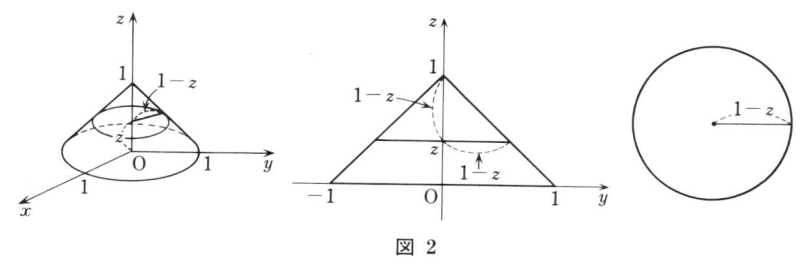

平面 α と立体 K の側面の交線を xy 平面に正射影した曲線の方程式は，①，② から z を消去して，
$$x^2+y^2=(1-y)^2$$
$$\therefore\quad 2y=1-x^2 \quad\quad \cdots\cdots ③$$
よって，題意の図形の xy 平面への正射影は図 3 のようになる．
したがって，面積 S' は，
$$S'=\int_{-1}^{1}\frac{1-x^2}{2}dx$$
$$=\int_{0}^{1}(1-x^2)dx$$
$$=\left[x-\frac{x^3}{3}\right]_{0}^{1}=\frac{2}{3} \quad\quad \cdots\cdots ④$$

図 3

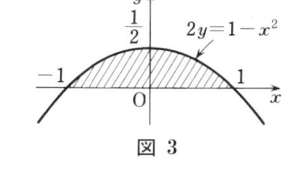

ゆえに，S は，(*) に ④ を代入して，
$$S=\sqrt{2}S'=\frac{2}{3}\sqrt{2} \quad\quad \cdots\cdots(答)$$

［コメント］ 円すい K の $x=$(一定) の平面による切り口は双曲線 ②，部分 M の $x=$(一定) の平面による切り口は図 4 の太線部分である．太線部分の長さは，双曲線 ② と直線 $z=y$ の交点の y 座標が $\dfrac{1-x^2}{2}$ であることから，
$$\frac{1-x^2}{\sqrt{2}} \quad\cdots\cdots ㋐$$

図 4

部分 M の面積 S は，㋐ を切り口が存在する範囲 $[-1, 1]$ で積分することにより，求めることができる．
$$S=\int_{-1}^{1}\frac{1-x^2}{\sqrt{2}}dx=\sqrt{2}\int_{0}^{1}(1-x^2)dx$$
$$=\sqrt{2}\left[x-\frac{x^3}{3}\right]_{0}^{1}=\frac{2\sqrt{2}}{3} \quad\quad \cdots\cdots(答)$$

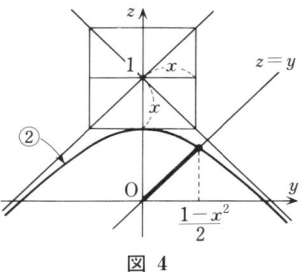

[例題 1・3・3]

球面 $x^2+y^2+z^2=4$ ……①
平面 $2x-2y+z=3$ ……②

がある．
　球面①と平面②の交わりの図形 C を xy 平面に正射影してできる図形を E とする．E によって囲まれる部分の面積を求めよ． (東京医大 改)

発想法

　球面と平面の交わり C は円である．(射影される平面に平行でない) 円を正射影した図形 E はだ円となることから，だ円 E の長軸，短軸の長さを求め，直接，図形 E の面積を求めようとすると，ひどい目にあう．
　(なぜなら，図形 E の方程式は，①と②より z を消去することにより，
　　$5x^2-8xy+5y^2-12x+12y+5=0$
となるが，この方程式から E の面積を求めることは，容易ではないからである [**別解**] 参照．)
　図形 C, E の面積をそれぞれ S, S' とする．また，平面②と xy 平面のなす角を θ とする．このとき，S, S', θ の間に，
　　$S'=S|\cos\theta|$　……(∗)
が成り立つことを利用せよ (図1)．

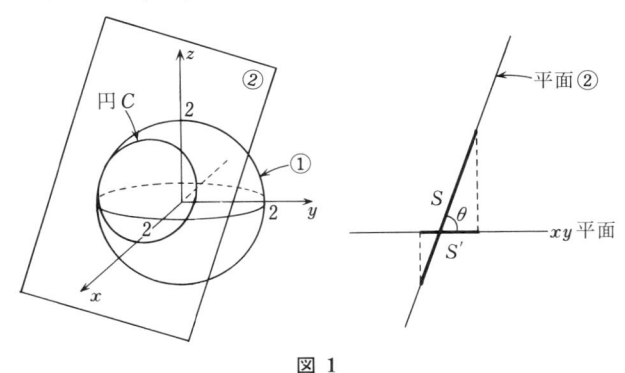

図 1

解答　円 C の面積は，円 C の半径がわかれば，求めることができる．円 C の半径を r，球①の中心 $(0, 0, 0)$ と平面②の距離を h とする．
　このとき，
　　$r^2=($球①の半径$)^2-h^2$
が成り立つ (図2)．h は，ヘッセの公式を用いて，

$$h=\frac{3}{\sqrt{2^2+(-2)^2+1^2}}=1$$

よって，r は，

$$r^2=2^2-1=3 \quad \therefore \quad r=\sqrt{3}$$

ゆえに，円 C の面積 S は，

$$S=\pi r^2=\pi(\sqrt{3})^2=3\pi \qquad \cdots\cdots ③$$

次に，平面②と xy 平面のなす角 θ は，平面②の法線ベクトルが $(2,-2,1)$，xy 平面の法線ベクトルが $(0,0,1)$ であるから，

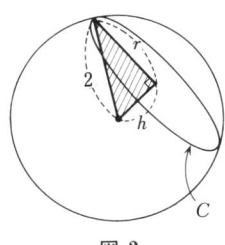

$$\cos\theta=\frac{0\cdot 2+0\cdot(-2)+1\cdot 1}{\sqrt{0^2+0^2+1^2}\cdot\sqrt{2^2+(-2)^2+1^2}}=\frac{1}{3} \quad \cdots\cdots ④$$

求める面積 S' は，③，④ を (*) に代入して，

$$S'=S\cos\theta=3\pi\cdot\frac{1}{3}=\boldsymbol{\pi} \qquad \cdots\cdots(答)$$

図 2

【別解】 だ円 $\dfrac{x^2}{a^2}+\dfrac{y^2}{b^2}=1$ $(a>0,\ b>0)$ の面積 S は， $S=ab\pi$

よって，長軸と短軸の長さを求めればよい．

だ円 E を与える方程式 $5x^2-8xy+5y^2-12x+12y+5=0$ ……㋐ は，$-x$ と y に関して対称であることから，だ円 E の軸の 1 つは直線 $y=-x$ ……㋑ である．㋐，㋑ より，だ円 E と直線 $y=-x$ の交点の x 座標は，

$$x=\frac{2}{3}\pm\frac{\sqrt{6}}{6} \quad \cdots\cdots ㋒$$

だ円 E のもう 1 つの軸は，直線 $y=-x$ に垂直で，㋒ の中点 $\left(\dfrac{2}{3},-\dfrac{2}{3}\right)$ を通る直線

$$y=x-\frac{4}{3} \quad \cdots\cdots ㋓$$

である．㋐，㋓ より，だ円 E と直線 $y=x-\dfrac{4}{3}$ の交点の x 座標を求めると，

$$x=\frac{2}{3}\pm\frac{\sqrt{6}}{2} \quad \cdots\cdots ㋔$$

㋒，㋔ より，だ円 E の軸の長さは (図 3 参照)，

$$2a=\sqrt{2}\cdot\left\{\left(\frac{2}{3}+\frac{\sqrt{6}}{6}\right)-\left(\frac{2}{3}-\frac{\sqrt{6}}{6}\right)\right\}=\frac{2\sqrt{3}}{3}$$

$$2b=\sqrt{2}\cdot\left\{\left(\frac{2}{3}+\frac{\sqrt{6}}{2}\right)-\left(\frac{2}{3}-\frac{\sqrt{6}}{2}\right)\right\}=2\sqrt{3}$$

ゆえに，だ円 E の面積 S は，

$$S=ab\pi=\left(\frac{2\sqrt{3}}{3}\cdot\frac{1}{2}\right)\left(2\sqrt{3}\cdot\frac{1}{2}\right)\pi=\boldsymbol{\pi}$$

$\cdots\cdots$(答)

図 3

〈練習 1・3・3〉

xyz 空間内で，8つの点
$(0, 0, 0)$, $(a, 0, 0)$, $(0, b, 0)$, $(0, 0, c)$,
$(a, b, 0)$, $(a, 0, c)$, $(0, b, c)$, (a, b, c) (a, b, c は正の定数)
を頂点とする直方体を A とする．A の表面の点 P から，平面 α
$$x+y+z=0$$
へ垂線をひき，平面 α との交点を Q とする．
点 P が直方体 A の表面を動くとき，点 Q の動く範囲 B の面積を求めよ．

発想法

直方体 A の状態を図1に示す．

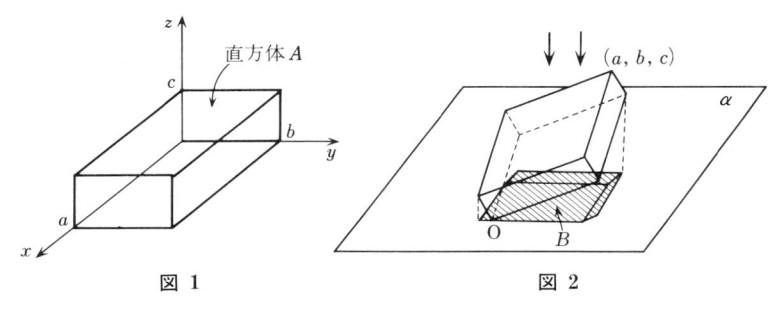

図 1

図 2

題意は，直方体 A を平面 $x+y+z=0$ に正射影した図形 B の面積を求めることにほかならない．このとき，直方体 A の頂点 (a, b, c) を共有する3つの面のそれぞれの正射影が，互いに干渉することなく（重なり合うことなく），図形 B をつくりだすことに注意せよ（図2）．

この事実は，直方体の形をしたモデル（たとえば，マッチの箱，カセットテープのケースや辞書）を利用して，容易に確かめることができる．

解答 直方体 A の頂点 (a, b, c) を共有する3つの面を，図3のようにそれぞれ X, Y, Z とする．

長方形 X, Y, Z の面積をそれぞれ S_1, S_2, S_3 とすると，
$$S_1=ab, \quad S_2=bc, \quad S_3=ca \quad \cdots\cdots ①$$
である．

長方形 X, Y, Z を平面 $x+y+z=0$ に正射影した図形の面積をそれぞれ S_1', S_2', S_3' と

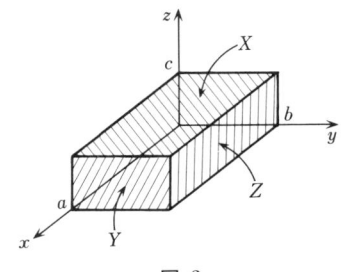

図 3

§3 空間図形から平面図形への特殊な変換   55

おく.

「**発想法**」に示した事実より，図形 B の面積 S は，
$$S = S_1' + S_2' + S_3' \quad \cdots\cdots(*)$$
で与えられる(図4).

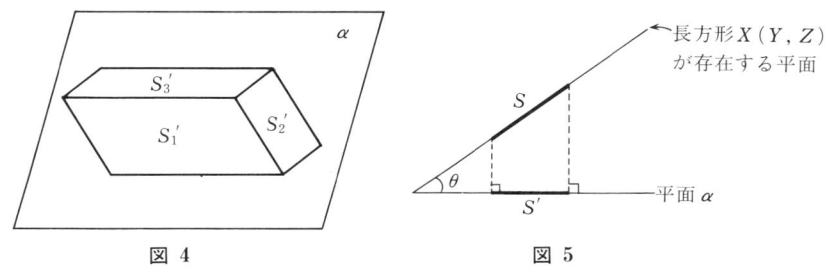

図 4

図 5

ここで，平面 $x+y+z=0$ と長方形 X が存在する平面のなす角を θ とおくと，
$$S_1' = S_1|\cos\theta| \quad \cdots\cdots(**)$$
が成り立つ(図5).

平面 $x+y+z=0$ の法線ベクトルの1つは $(1, 1, 1)$，長方形 X が存在する平面の法線ベクトルの1つは $(0, 0, 1)$ だから，
$$\cos\theta = \frac{(1,1,1)\cdot(0,0,1)}{\sqrt{1^2+1^2+1^2}\cdot\sqrt{0^2+0^2+1^2}} = \frac{1}{\sqrt{3}} \quad \cdots\cdots②$$

①, ② を $(**)$ に代入して，
$$S_1' = S_1 \cos\theta$$
$$= \frac{ab}{\sqrt{3}} \quad \cdots\cdots③$$

同様にして，
$$S_2' = \frac{bc}{\sqrt{3}}, \quad S_3' = \frac{ca}{\sqrt{3}} \quad \cdots\cdots④$$
を得る(平面 $x+y+z=0$ と，長方形 Y, 長方形 Z が存在する平面のなす角は，ともに θ であることに注意せよ).

よって，図形 B の面積 S は，③, ④ を $(*)$ に代入して，
$$S = \frac{1}{\sqrt{3}}(ab+bc+ca) \quad \cdots\cdots(答)$$

―――〈練習 1・3・4〉―――

xyz 空間において,直線 $x=y=z$ を軸とする,1辺の長さ 1 の正六角柱がある.

平面 $x+y+z=10$ がこの六角柱によって切り取られる部分 A を z 軸に平行な光線により平面 $y+z=0$ に射影する.このとき,平面 $y+z=0$ に現れる図形 B の面積を求めよ.

解答 図形 A の面積を S_1,図形 A を xy 平面に正射影した図形の面積を S_2,図形 B の面積を S_3 とする(図1).

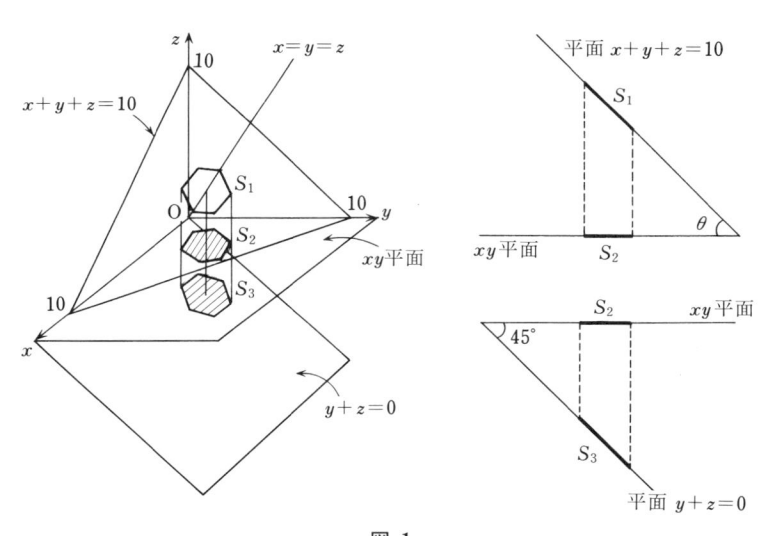

図 1

平面 $x+y+z=10$ と xy 平面のなす角を θ とすると,

$$\cos\theta = \frac{(1,\ 1,\ 1)\cdot(0,\ 0,\ 1)}{\sqrt{1^2+1^2+1^2}\cdot\sqrt{0^2+0^2+1^2}} = \frac{1}{\sqrt{3}}$$

また,xy 平面と平面 $y+z=0$ のなす角は 45° であることに注意して,

$$S_1 = 6\cdot\frac{1}{2}\cdot 1\cdot 1\cdot\sin 60° = 6\cdot\frac{1}{2}\cdot\frac{\sqrt{3}}{2} = \frac{3}{2}\sqrt{3}$$

$$S_2 = S_1\cos\theta = \frac{3}{2}\sqrt{3}\cdot\frac{1}{\sqrt{3}} = \frac{3}{2}$$

$$S_3 = \frac{S_2}{\cos 45°} = \frac{3}{2}\cdot\sqrt{2} = \boldsymbol{\frac{3}{2}\sqrt{2}} \qquad \cdots\cdots(\text{答})$$

§3 空間図形から平面図形への特殊な変換 57

[例題 1・3・4]
　空間において，2点 A$(0, 3, 3\sqrt{3})$，B$(0, 0, 4\sqrt{3})$ をとる．点 A を通りベクトル $\overrightarrow{AB}$ に垂直な平面上で，点 A を中心とする半径 2 の円 C を考える．点 B に点光源を置くとき，円 C が xy 平面につくる影の方程式を求めよ．

発想法

　円すい面を表す方程式は，次のようにして求めることができる．
　円すいの頂点を O，軸方向のベクトルを $\overrightarrow{OA} = \vec{a} = (a, b, c)$，円すい側面上の任意の点を X$(x, y, z)$ とおく．このとき，$\vec{a}$ と $\overrightarrow{OX} = \vec{x}$ とのなす角を θ とすると，
$$\vec{a} \cdot \vec{x} = |\vec{a}| \cdot |\vec{x}| \cdot \cos \theta \quad \cdots\cdots (*)$$
が成り立つ．
　ここで，$\vec{a}$ と $\vec{x}$ のなす角 θ は，点 X の位置にかかわらず一定である（円すいの基本性質）ことから，$(*)$ における $\cos \theta$ は定数となる．よって，円すい側面上のある特定の点 X$_1(x_1, y_1, z_1)$ を $(*)$ に代入することにより，$\cos \theta$ の値が求まり，この値および $\vec{a} \cdot \vec{x} = ax + by + cz$，$|\vec{a}| \cdot |\vec{x}| = \sqrt{(a^2 + b^2 + c^2)(x^2 + y^2 + z^2)}$ を $(*)$ に代入し，整理して得られる x, y, z に関する方程式が，円すい面を表す方程式である．

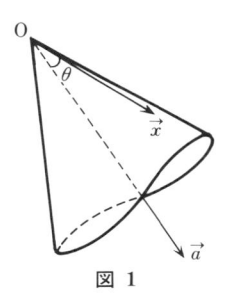

図 1

解答　点 B を頂点とし，円 C に接する円すいの方程式を求める（図 2）．

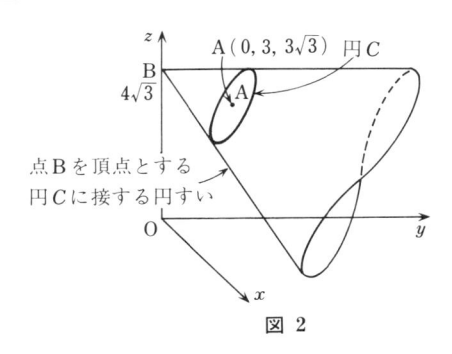

図 2 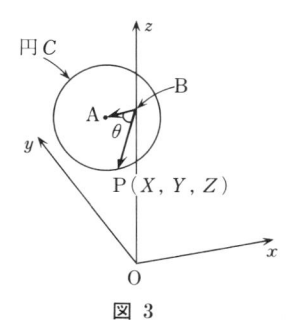　　図 3

　円 C の周上に点 P をとり，
　　P(X, Y, Z)
　　$\angle$ABP $= \theta$
とおく（図 3）．角 θ の値は一定であることに注意せよ．
　このとき，内積の定義より，

が成り立つ．

ここで，
$$\vec{BA} = \vec{OA} - \vec{OB}$$
$$= (0, 3, 3\sqrt{3}) - (0, 0, 4\sqrt{3}) = (0, 3, -\sqrt{3})$$
$$\vec{BP} = \vec{OP} - \vec{OB}$$
$$= (X, Y, Z) - (0, 0, 4\sqrt{3}) = (X, Y, Z - 4\sqrt{3})$$

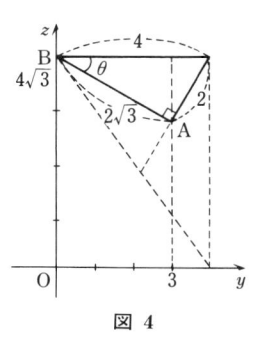

だから，
$$\vec{BA} \cdot \vec{BP} = (0, 3, -\sqrt{3}) \cdot (X, Y, Z - 4\sqrt{3})$$
$$= 3Y - \sqrt{3}(Z - 4\sqrt{3}) \quad \cdots\cdots ①$$
$$|\vec{BA}| = \sqrt{0^2 + 3^2 + (-\sqrt{3})^2} = 2\sqrt{3} \quad \cdots\cdots ②$$
$$|\vec{BP}| = \sqrt{X^2 + Y^2 + (Z - 4\sqrt{3})^2} \quad \cdots\cdots ③$$
$$\cos\theta = \frac{2\sqrt{3}}{4} = \frac{\sqrt{3}}{2} \quad (図4) \quad \cdots\cdots ④$$

図 4

よって，円すい面の方程式は，①～④ を（∗）に代入して，
$$3Y - \sqrt{3}(Z - 4\sqrt{3}) = 2\sqrt{3}\sqrt{X^2 + Y^2 + (Z - 4\sqrt{3})^2} \cdot \frac{\sqrt{3}}{2} \quad \cdots\cdots (\ast\ast)$$

である．

点光源 B により xy 平面にできる円 C の影の方程式は，（∗∗）に $Z=0$ を代入することにより求めることができる（図5）．（それゆえ，$Z=0$ を代入する前に（∗∗）の式を整理するのは計算のむだである．）

方程式（∗∗）に $Z=0$ を代入すると，
$$3Y - \sqrt{3} \cdot (-4\sqrt{3}) = 3\sqrt{X^2 + Y^2 + (-4\sqrt{3})^2}$$
$$\iff Y + 4 = \sqrt{X^2 + Y^2 + (4\sqrt{3})^2}$$

（$Y \geqq -4$ において両辺を2乗すると，）
$$\iff (Y+4)^2 = X^2 + Y^2 + (4\sqrt{3})^2$$
$$\iff Y = \frac{X^2}{8} + 4 \quad \cdots\cdots ⑤$$

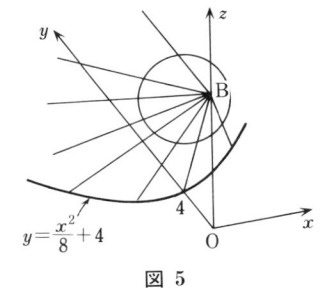

⑤ は，$Y \geqq -4$ をみたしている．

図 5

したがって，求める影の方程式は，⑤ より，
$$y = \frac{x^2}{8} + 4 \quad \cdots\cdots (答)$$

§3 空間図形から平面図形への特殊な変換　59

──〈練習 1・3・5〉──
　xyz 空間の点 A(3, 0, 9) に光源を置く．点 B(1, 0, 3) を中心とする半径 2 の球 C が xy 平面につくる影の領域を，x と y についての不等式で表せ．
　　　　　　　　　　　　　　　　　　　　　　　　　　　　　　　（琉球大）

解答　点 A を頂点とし，球 C に接する円すいを求める（図1）．

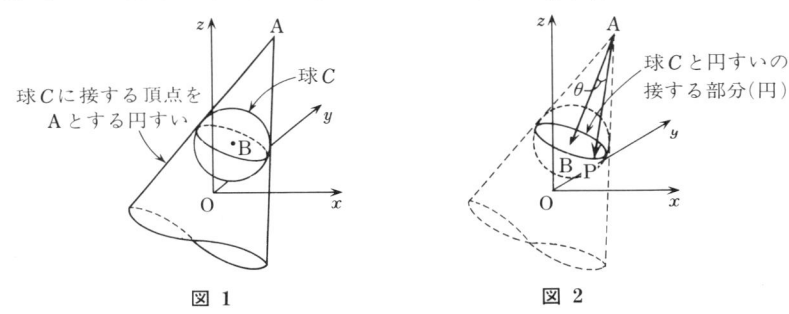

図 1

図 2

　この円すいと球 C の接する部分は円であるが，この円周上の点を P とし，
　　P(X, Y, Z)
　　∠BAP＝θ
とおく（図2）．角 θ の値は，P の位置にかかわらず，一定であることに注意せよ．

　このとき，内積の定義より，
　　$\vec{AB}\cdot\vec{AP}=|\vec{AB}|\cdot|\vec{AP}|\cos\theta$ ……（＊）
が成り立つ．

　ここで，
　　$\vec{AB}=\vec{OB}-\vec{OA}$
　　　　$=(1, 0, 3)-(3, 0, 9)=(-2, 0, -6)$
　　$\vec{AP}=\vec{OP}-\vec{OA}$
　　　　$=(X, Y, Z)-(3, 0, 9)=(X-3, Y, Z-9)$
だから，
　　$\vec{AB}\cdot\vec{AP}=(-2, 0, -6)\cdot(X-3, Y, Z-9)$
　　　　　　$=-2(X-3)-6(Z-9)$　……①
　　$|\vec{AB}|=\sqrt{(-2)^2+0^2+(-6)^2}=2\sqrt{10}$　……②
　　$|\vec{AP}|=\sqrt{(X-3)^2+Y^2+(Z-9)^2}$　……③
　　$\cos\theta=\dfrac{6}{2\sqrt{10}}=\dfrac{3}{\sqrt{10}}$　……④　（図3）

　よって，円すい面の方程式は，①〜④を（＊）に代入して，

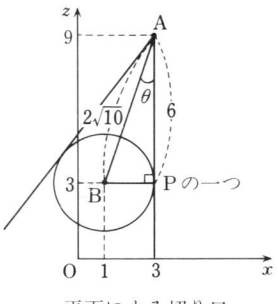

xz 平面による切り口

図 3

$$-2(X-3)-6(Z-9)=2\sqrt{10}\cdot\sqrt{(X-3)^2+Y^2+(Z-9)^2}\cdot\frac{3}{\sqrt{10}} \quad \cdots\cdots(**)$$

点光源 A の光により xy 平面上にできる球 C の影の方程式は，$(**)$ に $Z=0$ を代入することにより求めることができる（図4）．

方程式 $(**)$ に $Z=0$ を代入すると，
$$-2(X-3)-6\cdot(-9)=6\sqrt{(X-3)^2+Y^2+(-9)^2}$$
$$\iff -X+30=3\sqrt{(X-3)^2+Y^2+81}$$
$(30\geq X$ において，両辺を2乗すると，$)$
$$\iff (-X+30)^2=9\{(X-3)^2+Y^2+81\}$$
$$\iff 8X^2+6X+9Y^2=90 \quad \cdots\cdots⑤$$

曲線 ⑤ の存在する X の範囲は，
$$⑤ \iff 9Y^2=90-8X^2-6X$$
と変形するとき，$Y^2\geq 0$ となる条件より，
$$90-8X^2-6X\geq 0 \iff (X-3)(4X+15)\leq 0$$
$$\therefore \quad -\frac{15}{4}\leq X\leq 3$$

これは，$30\geq X$ をみたしている．

したがって，求める影の領域は，⑤ より，
$$\boldsymbol{8x^2+6x+9y^2\leq 90} \quad \cdots\cdots(答)$$

［コメント］ 点光源からの光を遮る空間図形が，球や円でなく，多角形の場合は，議論はより簡単である．なぜなら，点光源からの光により直線は直線に射影されるので，多角形は多角形（ゆがむ場合もある）に射影されるからである．

(例) 点 $(0, 0, 2)$ に光源を置く．平面 $z=1$ 上にある1辺の長さ1の正六角形が xy 平面につくる影の形を述べよ．

(答) 1辺の長さ2の六角形（図5）．

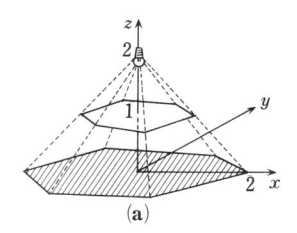

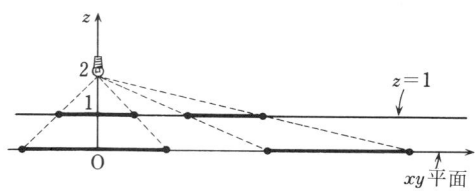

(a)

(b) 題意のもとで，平面 $z=1$ 上の1辺の長さ1の正六角形は，すべて，1辺の長さ2の六角形に射影される．

図5

第 2 章　立体の体積の求め方

"ちりも積もれば山となる"の格言のように，立体 T の体積を求めるためには，立体 T を小立体に分割して，それらの小立体の体積を求めて加え合わせれば求まる．なぜならば，分割前の立体の体積と分割した後の小立体の体積の総和とは等しいからである．

わかりやすい例をあげるのならば，ハムのかたまりを薄く切って食べても，丸ごとかじって食べても，食べた量(体積)は同じである(図 A)．

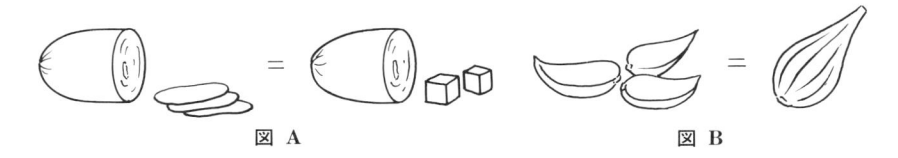

図 A　　　　　　図 B

サルにラッキョウの皮のむき方を教えると，サルはラッキョウの中味と皮の区別がつかず皮をむき続けるので，ラッキョウの塊はついになくなり皮の山になる．しかし，サルがむいた皮を全部食べるのならば，最初のラッキョウの塊を食べたのと量は同じである(図 B)．

バームクーヘンに図 C に示すように包丁を入れて，円筒型の年輪を 1 枚ずつはがして平らにし，長方形になった断片を積み重ねれば，バームクーヘンとは見かけの異なるお菓子になる．それでも，どちらを食べても同じ量だ．

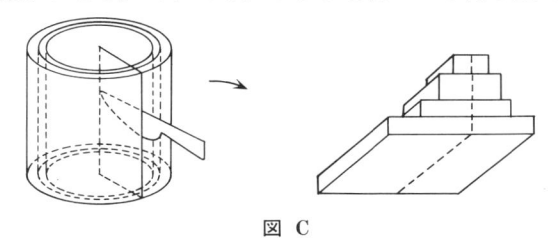

図 C

鉛筆を鉛筆削りで削り，その 1 周分の削りカスを平らにすると，扇型になる(図 D)．それらの扇形の削りカスをとんがり帽子状にし，すべて加え合わせれば，元の鉛筆である？　鉛筆の体積と削りカスすべての体積は同じである．

図 D

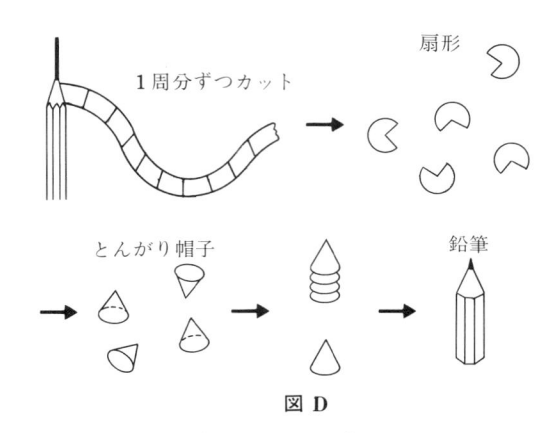

遠くから眺めると，なめらかな表面をもつ四角すいに見えるピラミッドも，近くから見ると，無数の石(小立体)を積み重ねてつくられた建造物である(図 E)．

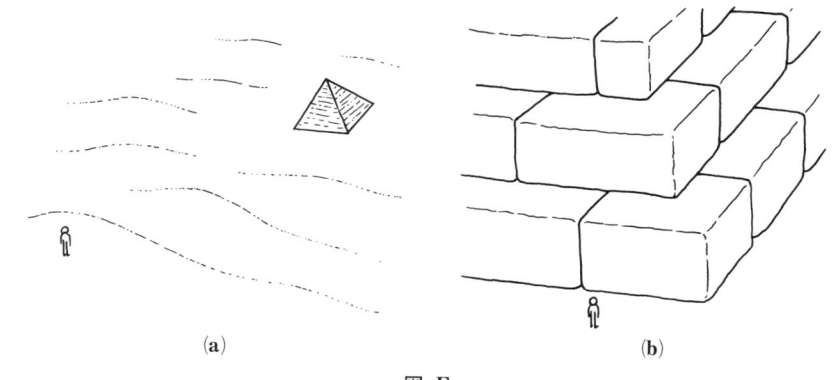

図 E

このように，1つの与えられた立体に対し，その立体を小立体に分割する方法はいろいろ考えられる．与えられた立体の体積を求めるときには，計算が最もラクにすむような小立体に分割してから，もとの立体の体積を求めるのがよいわけである．そこで，本章では，有効な立体の分割法として，

- 平面スライス型分割(§1)
- 雪だるま型分割(§2. 序)
- バームクーヘン型分割(§2)
- トンガリ帽子型分割(§2)

という4つのタイプの立体の分割法について解説する．

§1 平面でスライスせよ

第1章§2では立体図形の概形を把握するために，立体を平面で切った切り口の図形を考察し，再び切り口の図形を重ね合わせてもとの立体図形の概形をつかむという方法をとった．今度は，体積を求める手段として，平面で切った切り口を利用することを考える．

立体 T の面積は，切り口が存在する範囲で積分を実行するとして，

　　(体積)＝∫(立体 T の切り口の面積)　……(☆)

で与えられる．このように，体積を求める問題では，一般に立体 T の切り口の面積を積分して求めるわけだが，式(☆)の具体的な意味を最初に理解しておこう．

いま，簡単な例として図 A に示すような卵型をした立体 R の体積 V を求めることを考える．

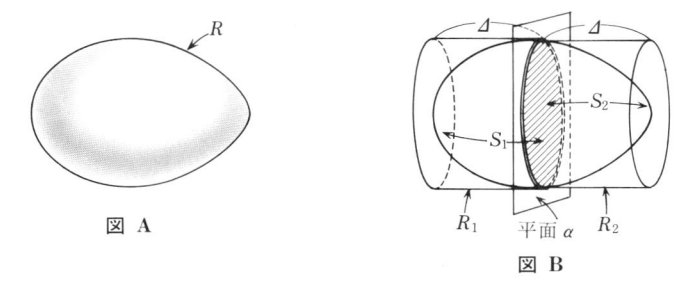

図 A

図 B

まず，立体 R を図 B のように1枚の平面 α によって間隔（厚み）$\varDelta$ で2等分し，それらの立体をそれぞれ，平面 α による切り口（円板）を底面とし，高さを $\varDelta$ とする円柱 R_1, R_2 で囲む．

立体 R_1, R_2 の底面積をそれぞれ S_1, S_2, 体積をそれぞれ V_1, V_2 とすると，

　　$V_1 = S_1 \varDelta$,　$V_2 = S_2 \varDelta$

であり，V と $V_1 + V_2$ の関係は，

　　$V_1 + V_2 = \sum_{k=1}^{2} S_k \varDelta > V$

である．

次に，立体 R を図 C のように2枚の平面によって間隔（厚み）$\varDelta'$ で3等分し，1枚の平面で切った場合と同様に，それらをそれぞれ，円柱 R_1', R_2', R_3' で囲む．このとき，R_1', R_2', R_3' の底面積をそれぞれ S_1', S_2', S_3', 体積を V_1', V_2', V_3' と

すると，$V_1'=S_1'\varDelta'$, $V_2'=S_2'\varDelta'$, $V_3'=S_3'\varDelta'$ であり，立体 R の体積 V と V_1+V_2, $V_1'+V_2'+V_3'$ との関係は，

$$\sum_{k=1}^{2} S_k \varDelta\ (=V_1+V_2) > \sum_{k=1}^{3} S_k' \varDelta'\ (=V_1'+V_2'+V_3') > V$$

である．

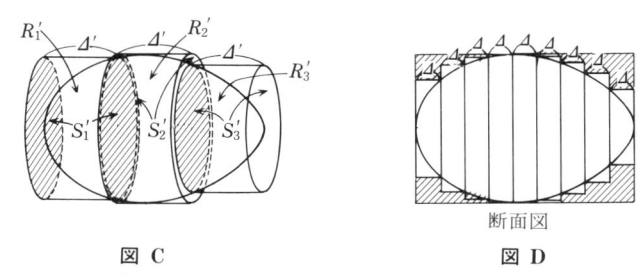

図 C

図 D

$\sum_{k=1}^{3} S_k' \varDelta'$ のほうが $\sum_{k=1}^{2} S_k \varDelta$ より実際の体積 V に近づくことからもわかるように，分割する個数 n を増やせば増やすほど，誤差を小さくすることができる．図 D に立体 R を 8 枚の平面でスライスした場合の断面図を示した．2 枚の平面でスライスした場合に比べて，斜線をつけた部分に相当する体積分だけ誤差が減少している．

また，立体 R を無数に多くの平面で分割するとき，厚み $\varDelta$ が 0 に近づき（図 E），$n \to \infty$ のとき，$\sum_{k=1}^{n} S_k \varDelta$ の値は実際の体積 V に限りなく近づくことがわかる．

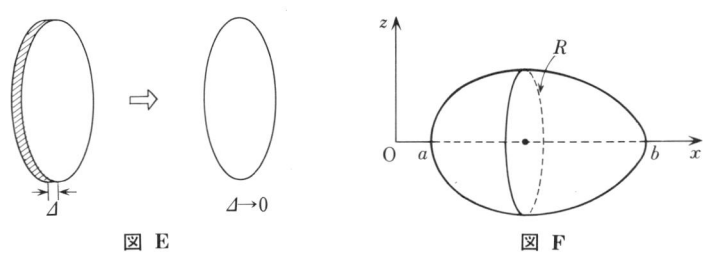

図 E

図 F

いま，述べたことをより正確に表現するために，図 F のように座標を導入する．このとき，立体 R の x 座標に関する存在範囲は $[a, b]$ である．立体 R を x 軸に垂直な平面でスライスするとしよう．このとき，k 番目の平面による切り口の面積 S_k は x の関数 $S_k(x)$ と表せ，厚み $\varDelta$ は $\varDelta x \left(=\dfrac{b-a}{n}\right)$ である．

このとき，立体 R の体積 V は，$\sum_{k=1}^{n} S_k(x)\varDelta x$ において n，すなわち分割を限りなく増やしたときの極限値 $V=\lim_{n\to\infty}\sum_{k=1}^{n} S_k \varDelta x$ で与えられ，この式の右辺は，積分の定義により，

$$V=\int_a^b S(x)dx$$

にほかならない．

　以上が，式 (☆) の具体的な意味である．

§1 では，立体の体積を求める方法として，その立体を平行な平面群でスライスした切り口の面積を積分することに帰着させる〝平面スライス型の求積法〟を解説する．

　一般に，立体を平面でスライスしたときの切り口の形は，その立体をどの方向にスライスしていくかによって異なる．したがって，立体の体積を求める問題を〝平面スライス型〟の求積法で求めるときには，面積の求めやすい図形が切り口として現れるような平面でスライスしていくことが大切である．

　〝平面スライス型〟の求積問題として，本節では次の 3 種類についてとりあげる．

　　(1)　回転体の体積
　　(2)　不等式で表示された領域の体積
　　(3)　ある立体を動かし，それが通過する領域の体積

[例題 2・1・1]

右の図のような，1辺の長さが3の立方体 OABC-DEFG がある．

この立方体を，直線 OF のまわりに回転して得られる立体 T の体積を求めよ．

(東京理科大 改)

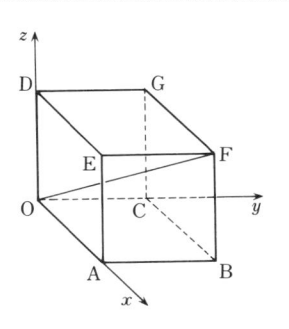

発想法

回転体の体積 を求める問題である．一般に回転体を回転軸に垂直な平面でスライスすると，その切り口には円板，または，円環（ドーナツ）しか現れないから，切り口の面積は比較的容易に求めることができる．

そこで，本問では，回転軸 OF 上の点 P を通り，OF に垂直な平面 α で立方体 OABC-DEFG をスライスした切り口を考えよう．すると，平面 α による立方体の切り口は，三角形または六角形となる（図1）が，対称性を考慮すれば，各図形（三角形または六角形）において，点 P から，図形の各頂点への距離は，すべて等しい（図2）．

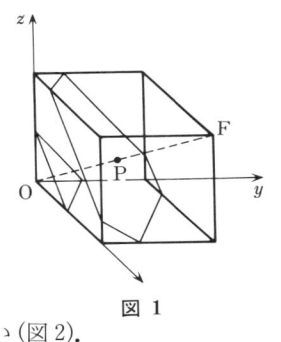

これらの図形を回転軸のまわりで回転させたとき円板を作るが，その円板の境界線を描くのは，回転軸から最も遠い点，すなわち，これらの図形の頂点である（図2）．この円板が，立体 T の切り口にほかならない．

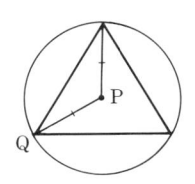

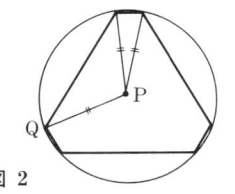

図 2

次に，ここで得られた円板の面積を適切な変数を用いて関数として表す．

いま述べたように，点 P から切り口に現れる正三角形（または六角形）の各頂点までの距離は等しい．ゆえに，頂点の1つを点 Q とすると，点 Q は立方体 OABC-DEFG においては，折れ線 OAEF 上にあるとして考えても一般性を失わない（図3）．

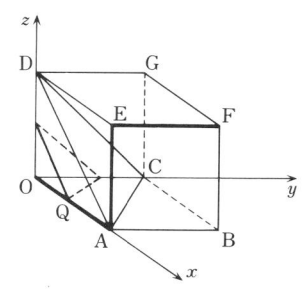

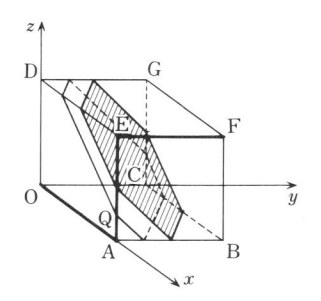

§1 平面でスライスせよ 67

図 3

このように，点 P, Q を定め，点 P の座標を (t, t, t)，線分 PQ の長さを $f(t)$ とすると，切り口の円板の面積 $S(t)$ は，
$$S(t) = \pi \text{PQ}^2 = \pi \{f(t)\}^2$$
で与えられる．

最後に，小立体の厚みの方向に対する注意を与えておく．

切り口の面積を与える関数 $f(t)$ の変数 t の変化量 Δt は，x 軸（または y 軸，z 軸）方向への変化量であり，小立体の厚みの方向（この場合は回転軸の方向）とは異なる（図 4）．

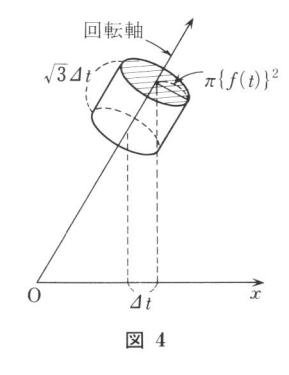

本問において，変数 t が x 軸正方向に Δt 増加するとき，小立体の厚みが実際に回転軸方向にどのくらい変化するのかを求めると，
$$\sqrt{(\Delta t)^2 + (\Delta t)^2 + (\Delta t)^2} = \sqrt{3} \Delta t$$
増加することがわかる．よって，立体 T の体積 V は，
$$V = \pi \int_0^3 \{f(t)\}^2 dt \text{ ではなく，}$$
$$V = \pi \int_0^3 \{f(t)\}^2 \sqrt{3} dt$$

図 4

で与えられる．なお，解答では，さらに立体 T の「何らかの対称性」に着目し，計算量を減らしている．

解答 点 $\text{P}(t, t, t)$ を通り，$\overrightarrow{\text{OF}} = (3, 3, 3) = 3(1, 1, 1)$ に垂直な平面 α は，
$$x + y + z = 3t \quad \cdots\cdots(*)$$
である．平面 α が立体 T と共有点をもつ t の範囲は $0 \leq t \leq 3$ であり，この範囲での立体 T の平面 α による切り口を考察し，T の体積を求めることができる．立体 T は，平面 $x + y + z = \dfrac{9}{2}$ に関して対称である（T の，この平面による切り口は図 3 斜線部）から $0 \leq t \leq \dfrac{3}{2}$ の範囲における立体 T の体積を求め，2 倍すればよい．平面 α と折れ

線 OAE との交点 Q の座標は,
(i) 点 Q が辺 OA 上にあるとき ($0 \leq t \leq 1$ のとき),
   (＊)に, $y=z=0$ を代入すると,
   $x=3t$ ∴   Q($3t$, 0, 0)
(ii) 点 Q が辺 AE 上にあるとき ($1 \leq t \leq \dfrac{3}{2}$ のとき),
   (＊)に, $x=3$, $y=0$ を代入して,
   $z=3(t-1)$ ∴   Q(3, 0, $3(t-1)$)
である.
よって, 線分 PQ の長さ $f(t)$ は,
$0 \leq t \leq 1$ のとき; $\{f(t)\}^2 = (3t-t)^2 + t^2 + t^2 = 6t^2$
$1 \leq t \leq \dfrac{3}{2}$ のとき; $\{f(t)\}^2 = (3-t)^2 + t^2 + \{3(t-1)-t\}^2$
$\qquad\qquad\qquad = 6\left(t-\dfrac{3}{2}\right)^2 + \dfrac{9}{2}$ ……①

立体 T を平面 α で切った切り口は円(内部を含む)であり, その面積 $S(t)$ は,
$S(t) = \pi\{f(t)\}^2$ ……②
である.
立体 K の体積を V とすると, ①, ② より,

$\dfrac{V}{2} = \displaystyle\int_0^{\frac{3}{2}} S(t) \cdot \sqrt{3}\, dt$

$\quad = \sqrt{3}\pi \displaystyle\int_0^{\frac{3}{2}} \{f(t)\}^2 dt$

$\quad = \sqrt{3}\pi \left[\displaystyle\int_0^1 6t^2 dt + \int_1^{\frac{3}{2}} \left\{6\left(t-\dfrac{3}{2}\right)^2 + \dfrac{9}{2}\right\} dt\right]$

$\quad = \sqrt{3}\pi \left\{\left[2t^3\right]_0^1 + \left[2\left(t-\dfrac{3}{2}\right)^3 + \dfrac{9}{2}t\right]_1^{\frac{3}{2}}\right\}$

$\quad = \dfrac{9}{2}\sqrt{3}\pi$

∴ $\boldsymbol{V = 9\sqrt{3}\pi}$ ……(答)

§1 平面でスライスせよ　69

<練習 2・1・1>
4頂点の座標が A$(0, \sqrt{2}, 2)$, B$(0, \sqrt{2}, 0)$, C$(1, 2\sqrt{2}, 1)$, D$(-1, 2\sqrt{2}, 1)$ なる正四面体 ABCD を，z 軸のまわりに回転して得られる立体 T の体積を求めよ．

解答　正四面体 ABCD は，平面 $z=1$ に関して対称である（図1）から，回転体 T も平面 $z=1$ に関して対称である（図2）．

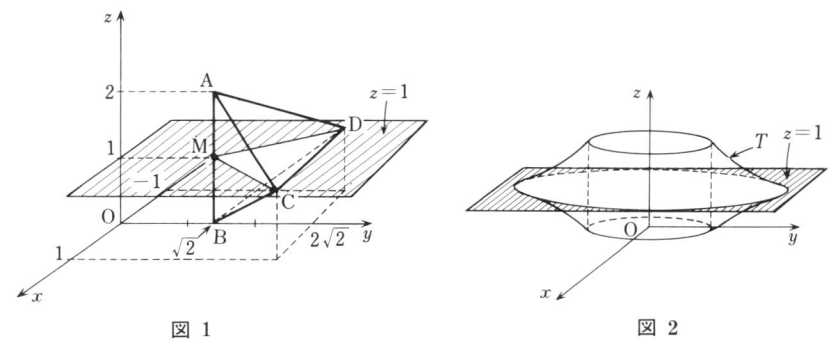

図 1　　　　　　　　　　　図 2

したがって，回転体 T の体積 V は $0 \leq z \leq 1$ の部分の体積を2倍することにより求めることができる．よって，まず $0 \leq z \leq 1$ の範囲で，回転軸である z 軸に垂直な平面で立体 T を切ったときの切り口を調べる．

点 O′$(0, 0, t)$ $(0 \leq t \leq 1)$ を通り，z 軸に垂直な平面 α を，$z=t$ $(0 \leq t \leq 1)$ とする．平面 α と，

$$\left.\begin{array}{l} \text{直線 BC}\,;\, x = \dfrac{y-\sqrt{2}}{\sqrt{2}} = z \\[4pt] \text{直線 BD}\,;\, \dfrac{x}{-1} = \dfrac{y-\sqrt{2}}{\sqrt{2}} = z \\[4pt] \text{直線 AB}\,;\, x=0,\ y=\sqrt{2} \end{array}\right\} \quad \cdots\cdots ①$$

図 3

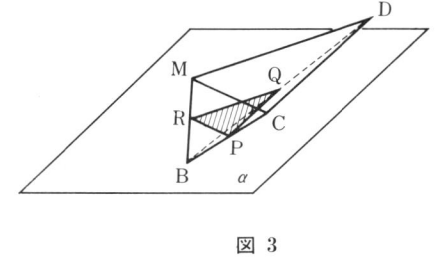

との交点を，それぞれ点 P, Q, R とする（図3）．このとき，点 P, Q, R の座標は，①に $z=t$ を代入して，それぞれ，

$$\left.\begin{array}{l} \mathrm{P}(t, \sqrt{2}(t+1), t) \\ \mathrm{Q}(-t, \sqrt{2}(t+1), t) \\ \mathrm{R}(0, \sqrt{2}, t) \end{array}\right\} \quad \cdots\cdots ②$$

である（2点 P, Q の yz 平面に関する対称性を考慮すれば，以後の議論のためには，P, Q 一方の座標だけわかっていれば十分）．

平面 α による正四面体 ABCD の切り口は △PQR である．よって，立体 T の切り口は，△PQR を点 O′ に関して回転してできる円環である（図4の斜線部分）．

その面積を $S(t)$ とすると，
$$S(t) = \pi\{\text{O′P}^2 - \text{O′R}^2\}$$
$$= \pi\{t^2 + 2(t+1)^2 - 2\}$$
$$= \pi(3t^2 + 4t) \quad \cdots\cdots ③$$

よって，立体 T の体積 V は，
$$V = 2\int_0^1 S(t)dt = 2\pi\int_0^1 (3t^2 + 4t)dt$$
$$= 2\pi\left[t^3 + 2t^2\right]_0^1 = \mathbf{6\pi} \quad \cdots\cdots (答)$$

図 4

[コメント] この立体 T を用いて，立体 T の体積を n 個のくりぬき円柱（円筒）で被覆したときの「近似の精度」について考察しよう（図5）．

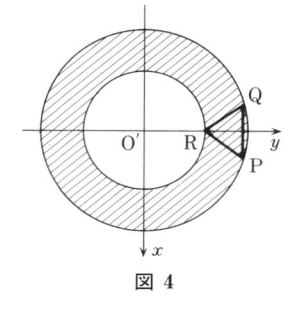

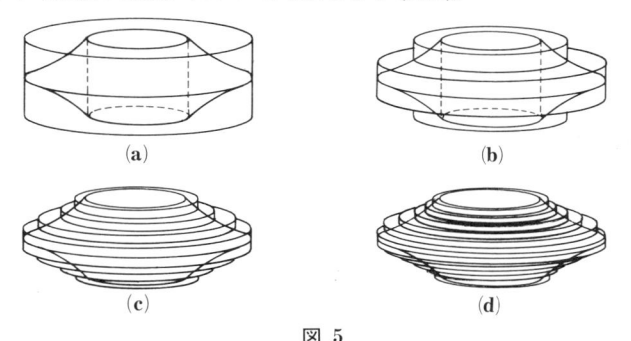

(a)　(b)　(c)　(d)

図 5

まず，立体 T が平面 $z=1$ に関して対称であることから，$0 \leq z \leq 1$ の部分を n 個の円筒で覆えば，立体 T は $2n$ 個の円筒で覆われたことになる．このとき，n の値を大きくしていったときの $2n$ 個の円筒の体積の総和 V' と立体 T の体積 V の値を比較する．

立体 T（の $0 \leq z \leq 1$ の部分）を平面 $z = \dfrac{k}{n}$（$k=1, 2, \cdots\cdots, n$）で切ったときに得られる切り口の円の面積は，解答中の③より $S\left(\dfrac{k}{n}\right) = \pi\left\{3\left(\dfrac{k}{n}\right)^2 + 4\left(\dfrac{k}{n}\right)\right\}$ と表せることから，$V' = 2\sum_{k=1}^{n} S\left(\dfrac{k}{n}\right) \cdot \dfrac{1}{n}$ で求められる．

この式に，$n=1, 2, 4, 6, 8$ という値を代入して回転体を 2, 4, 8, 12 個の円筒で覆ったときの円筒の体積の総和 V' の値を求めると以下のようになる．

(a); $n=1$ のとき，$V' = 14\pi$

(b); $n=2$ のとき, $\quad V'=\dfrac{39}{4}\pi=9.75\pi$

(c); $n=4$ のとき, $\quad V'=\dfrac{125}{16}\pi=7.8125\pi$

(d); $n=6$ のとき, $\quad V'=\dfrac{259}{36}\pi=7.1944\pi$

(e); $n=8$ のとき, $\quad V'=\dfrac{441}{64}\pi=6.890625\pi$

となり，被覆する円筒の個数を増やすにつれて，T の体積 V の値に近づく様子がわかる．

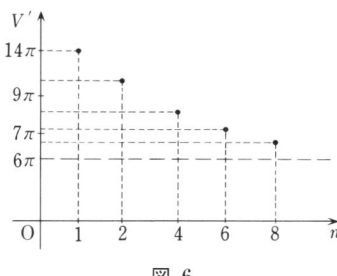

図 6

72　第2章　立体の体積の求め方

─〈練習 2・1・2〉─

空間において,球 $x^2+y^2+z^2 \leqq 5$ と平面 $x+y=1$ との共通部分の円板を x 軸のまわりに回転して得られる立体 T の体積を求めよ.

発想法

空間上の円板を x 軸のまわりに回転したときに得られる回転体の体積を求める問題である.よって,まず与えられた円板を回転軸(x 軸)に垂直な平面 α;$x=t$ $(a \leqq t \leqq b)$ で切っていったときの形状を調べる.回転軸と平面 α との交点を F とするとき,F から切り口の図形上の点への最大距離を $R(t)$,最小距離を $r(t)$ とすれば,回転体を平面 α で切ったときの切り口は,中心 F,半径 $R(t)$ の円板から,半径 $r(t)$ の同心円板 $(R>r)$ をくり抜いた円環になる(図2).ゆえに,その面積 $S(t)$ は,

$$S(t) = \pi(R^2(t) - r^2(t))$$

と表される.

このとき,求める回転体 T の体積 V は,

$$V = \pi \int_a^b S(t) dt$$

より求められる.

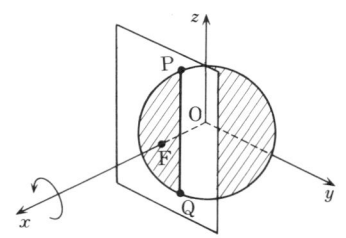

図1　x 軸に垂直な平面 $x=t$ で円板を切ったときの切り口

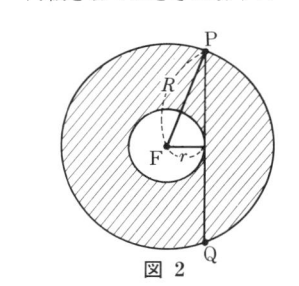

図2

解答　共通部分の円板を $F(t, 0, 0)$ を通り,x 軸(回転軸)に垂直な平面 $x=t$ で切ったときの切り口を,線分 PQ とし(図3),さらに線分 PQ の中点を M とする(図4).球 $x^2+y^2+z^2 \leqq 5$ も平面 $x+y=1$ も平面 $z=0$ に関して対称であるから,共通部分の円板も平面 $z=0$ に関して対称である.このことと点 F が平面 $z=0$ 上の点であることから,点 F と線分 PQ との関係は図4のようである.

図3

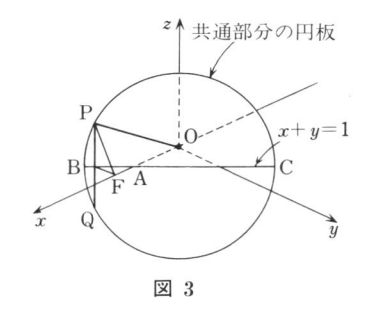

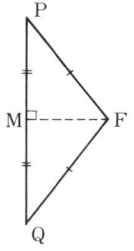

図4　二等辺三角形 FPQ

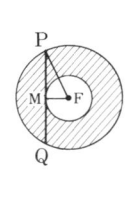

図5

立体 T の平面 $x=t$ による切り口は，線分 PQ を x 軸のまわりに回転して得られる図形すなわち，中心 F，半径 PF，MF の 2 つの同心円で囲まれた円環である（図5）．

ここで，PF の長さは，△OPF が $\angle F = 90°$ の直角三角形であることと，

　　$OP = (もとの球の半径) = \sqrt{5}$
　　$OF = |t|$

より，

　　$PF = \sqrt{OP^2 - OF^2} = \sqrt{5 - t^2}$ ……①

次に，MF の長さは，円板と x 軸との交点を A とすると，△MFA は MF=FA の直角二等辺三角形であり，A(1, 0, 0) であることから（図6），

　　$MF = FA = |t - 1|$ ……②

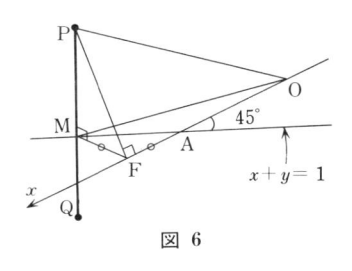

図 6

立体 T の平面 $x=t$ による切り口の図形の面積を $S(t)$ とすると，①，② より，

$$S(t) = \pi(PF^2 - MF^2)$$
$$= \pi\{(5 - t^2) - (t - 1)^2\}$$
$$= \pi(4 + 2t - 2t^2) \quad ……③$$

である．

次に，切り口の存在する範囲より，t の変域を求める．円盤を xy 平面に正射影すると図1の線分 BC になることから点 B, C の座標を

　　$x^2 + y^2 + z^2 = 5$　かつ　$x + y = 1$　かつ　$z = 0$

より求めると，B(2, -1, 0)，C(-1, 2, 0) となる．よって，この x 座標に注目して，

　　$-1 \leq t \leq 2$ ……④

である．

以上③，④ より，求める体積を V とすると，

$$V = \int_{-1}^{2} S(t) dt$$
$$= \pi \int_{-1}^{2} (4 + 2t - 2t^2) dt$$
$$= \pi \left[4t + t^2 - \frac{2}{3}t^3\right]_{-1}^{2} = \boldsymbol{9\pi} \quad ……（答）$$

【別解】（以下で記述する解答は，前述の「解答」と同様に回転軸（x 軸）に垂直な平面でスライスしていく解法である．図形的な状況を把握して展開していった既述の解答に比べ，以下の解答は式のままとらえて処理する解答である．）

$x = (一定)$ の平面による円板の切り口は線分で，その yz 平面への正射影は次の式で与えられる（図7）．

$$\begin{cases} y^2 + z^2 \leq 5 - x^2 & ……(*)\\ かつ & \\ y = 1 - x & ……(**) \end{cases}$$

立体 T の $x=$(一定) 平面による切り口の面積は，この線分を原点のまわりに回転して得られる図形の面積に等しく，その面積は，

$$S(x) = \pi(\sqrt{5-x^2})^2 - \pi|1-x|^2$$
$$= \pi(4+2x-2x^2) \quad \cdots\cdots ⑤$$

また，切り口の存在条件は，

$$|1-x| \leq \sqrt{5-x^2}$$
$$\iff 2+x-x^2 \geq 0$$
$$\therefore \quad -1 \leq x \leq 2 \quad \cdots\cdots ⑥$$

以上より，求める体積を V とすると，⑤，⑥ より，

$$V = \int_{-1}^{2} S(x)dx$$
$$= \pi \int_{-1}^{2} (4+2x-2x^2)dx$$
$$= \pi \left[4x + x^2 - \frac{2}{3}x^3 \right]_{-1}^{2}$$
$$= \mathbf{9\pi} \quad \cdots\cdots(答)$$

参考のために，立体 T の概形を示しておく (図 8)．

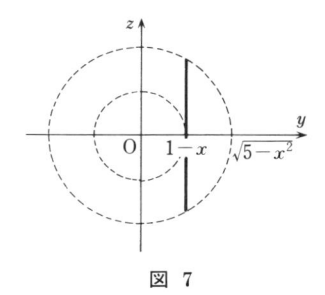

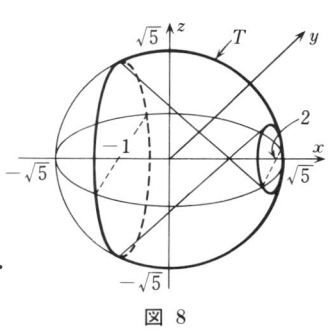

図 7

図 8

§1 平面でスライスせよ　75

[例題 2・1・2]
　不等式 $0 \leq y \leq x$, $x^2 + y \leq z \leq 2$ をともにみたす点 (x, y, z) の集合のつくる立体 D の体積を求めよ.

発想法

不等式で表示された領域の体積 を求める問題である.
　一般に, 不等式で表示された立体は, どの軸に垂直な平面で切るかによって, 切り口に現れる図形の形状が異なる. ゆえに, 立体の体積を求めるためには面積の求めやすい図形が切り口として現れる軸を選択することが肝心である.（Ⅱの第3章§3参照）
　立体 D を各軸に垂直な平面で切った切り口の図形は, 図1～3の斜線部である.
(i) x 軸に垂直な平面で切った（x を定数とみなした）場合

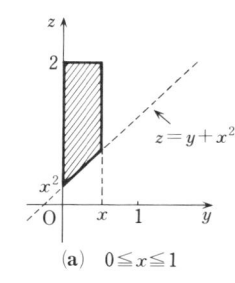

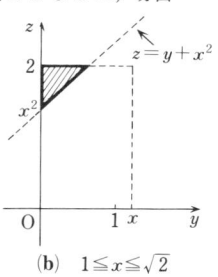

　　　(a) $0 \leq x \leq 1$　　　　(b) $1 \leq x \leq \sqrt{2}$

　　　　　　図 1

（注）　x の範囲を求めるために次の計算をしている.
　(a)　$0 \leq x$, $0 \leq x^2 \leq 2$, $x + x^2 \leq 2$　$\iff$　$0 \leq x \leq \sqrt{2}$, $x^2 + x - 2 \leq 0$
　　　　　　　　　　　　　　　　　　　　$\iff$　$0 \leq x \leq \sqrt{2}$, $-2 \leq x \leq 1$
　　　$\therefore$　$0 \leq x \leq 1$
　(b)　$0 \leq x$, $0 \leq x^2 \leq 2$, $x + x^2 > 2$
　　　$\therefore$　$1 \leq x \leq \sqrt{2}$

(ii) y 軸に垂直な平面で切った（y を定数とみなした）場合

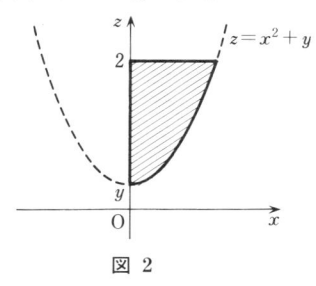

　　　　　　　　$z = x^2 + y$

　　　図 2

(iii) z 軸に垂直な平面で切った（z を定数とみなした）場合

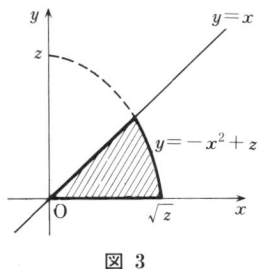

図 3

(ii), (iii) の場合は，図形に曲線（放物線）が現れるので，その面積を求める際，積分を用いる必要があり，計算がたいへんそうである．

一方，(i) の場合には，x の値による場合分けが生じるが，切り口は直線で囲まれた図形なので，それぞれの場合についてその面積は容易に求めることができる．

よって，(i) の切り方が最適といえよう．

ただし，(i) のように x 軸に垂直な平面で切っていく際，切る位置により切り口の形状が異なる場合には，それぞれの形状が現れる切り口の存在範囲をしっかりと押さえなくてはならない．たとえば，x 軸に垂直な平面で切っても $x<0$, $\sqrt{2}<x$ の場合には，図 4 のようになり，与えられた不等式をみたす領域は存在しない．

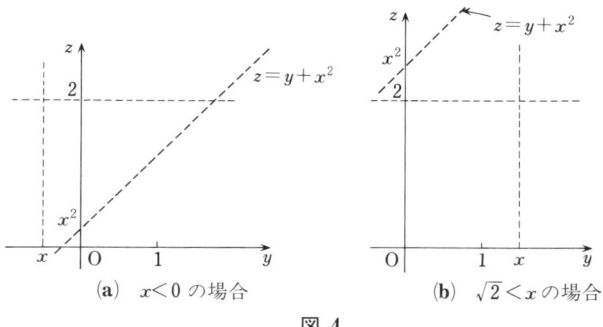

(a) $x<0$ の場合　　(b) $\sqrt{2}<x$ の場合

図 4

このような立体が存在しない範囲をも含めて積分すると，切り口の面積を表す関数を正確に求めても，正しい体積の値を求められないので注意せよ．

[解答] 立体 D の $x=$（一定）なる平面による切り口を考える．切り口が存在する x の範囲は，「**発想法**」より，

$$0 \leq x \leq \sqrt{2}$$

である．

$0 \leq x \leq 1$ のときの切り口の面積を $S_1(x)$，$1 \leq x \leq \sqrt{2}$ のときの切り口の面積を

$S_2(x)$ とする (図 5).

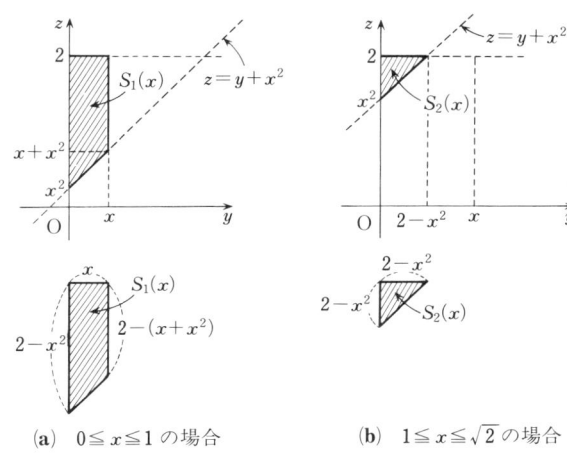

(a) $0 \leq x \leq 1$ の場合　　**(b)** $1 \leq x \leq \sqrt{2}$ の場合

図 5

このとき,
$$S_1(x) = \{(2-x-x^2)+(2-x^2)\} \times x \times \frac{1}{2}$$
$$= \frac{1}{2}x(4-x-2x^2)$$
$$S_2(x) = \frac{1}{2}(2-x^2)^2$$

よって, 立体 D の体積を V とすると,
$$V = \int_0^1 S_1(x)dx + \int_1^{\sqrt{2}} S_2(x)dx$$
$$= \int_0^1 \frac{1}{2}x(4-x-2x^2)dx$$
$$\quad + \int_1^{\sqrt{2}} \frac{1}{2}(2-x^2)^2 dx$$
$$= \frac{1}{2}\int_0^1 (4x-x^2-2x^3)dx + \frac{1}{2}\int_1^{\sqrt{2}}(x^4-4x^2+4)dx$$
$$= \frac{1}{2}\left[2x^2 - \frac{x^3}{3} - \frac{x^4}{2}\right]_0^1 + \frac{1}{2}\left[\frac{x^5}{5} - \frac{4}{3}x^3 + 4x\right]_1^{\sqrt{2}}$$
$$= \frac{1}{2}\left(2 - \frac{1}{3} - \frac{1}{2}\right) + \frac{1}{2}\left\{\frac{4\sqrt{2}-1}{5} - \frac{4}{3}(2\sqrt{2}-1) + 4(\sqrt{2}-1)\right\}$$
$$= \frac{7}{12} + \frac{32\sqrt{2}-43}{30} = \boldsymbol{\frac{64\sqrt{2}-51}{60}} \quad \cdots\cdots（答）$$

図 6

なお, 立体 D は図 6 のような概形をしている.

〈練習 2・1・3〉

座標空間において，次の不等式をともにみたす立体 D の体積を求めよ．

$$\begin{cases} \dfrac{x^2}{4}+y^2 \leq 1 \\ z \geq 0 \\ x-\dfrac{3}{2}z+1 \geq 0 \end{cases}$$

発想法

一般に，不等式で表される立体を図示するのは容易でない（それでもその立体の体積は積分で求められる）が，この問題では立体 D が，平面 $z=0$，だ円柱 $\dfrac{x^2}{4}+y^2=1$，および平面 $x-\dfrac{3}{2}z+1=0$ で囲まれた立体である（図1）ことは容易にわかる．各座標軸に垂直な平面で立体 D を切った切り口の図形は図2～4の斜線部である．

(i) x 軸に垂直な平面 ($x=t$, $-1 \leq t \leq 2$) で切った場合（図2）
(ii) y 軸に垂直な平面 ($y=t$, $-1 \leq t \leq 1$) で切った場合（図3）

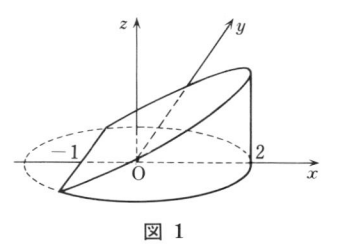

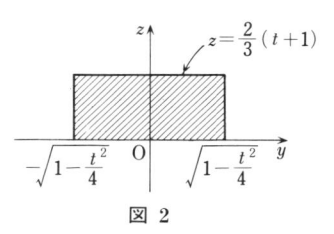

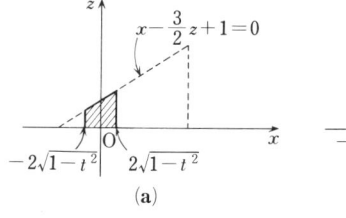

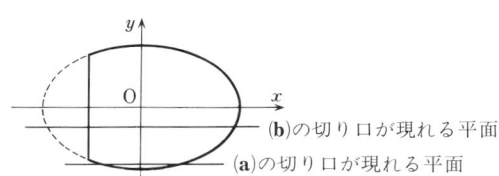

図 1

図 2

(a)

(b)

図 3

(iii) z 軸に垂直な平面 ($z=t$, $0 \leq t \leq 2$) で切った場合 (図 4)

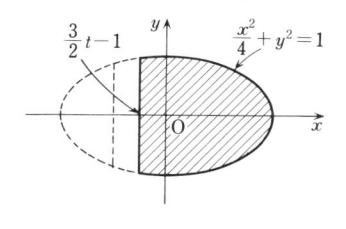

図 4

以上により，切り口の図形が長方形になる (i) の場合が，面積をいちばん計算しやすいので，x 軸に垂直な平面で切るのが最適であることがわかる．

解答
$$\begin{cases} \dfrac{x^2}{4}+y^2 \leq 1 & \cdots\cdots\text{①} \\ z \geq 0 & \cdots\cdots\text{②} \\ x-\dfrac{3}{2}z+1 \geq 0 & \cdots\cdots\text{③} \end{cases}$$

立体 D を $x=t$ (一定) なる平面で切った切り口の図形は，①，②，③ より，
$$\begin{cases} y^2 \leq 1-\dfrac{t^2}{4} \\ 0 \leq z \leq \dfrac{2}{3}(t+1) \end{cases}$$

で与えられる (図 2)．ただし，切り口が存在する t の範囲は，
$$1-\dfrac{t^2}{4} \geq 0 \text{ かつ, } \dfrac{2}{3}(t+1) \geq 0 \quad \text{より,}$$
$$-1 \leq t \leq 2 \quad \cdots\cdots\text{④}$$

である (このように計算しなくても，図 1 より直接求めることもできる)．

切り口の図形の面積を $S(t)$ とすると，
$$S(t)=\dfrac{2}{3}(1+t)\cdot 2\sqrt{1-\dfrac{t^2}{4}}=\dfrac{2}{3}(\sqrt{4-t^2}+t\sqrt{4-t^2})$$

よって，求める体積を V とすると，
$$V=\int_{-1}^{2} S(t)dt$$
$$=\dfrac{2}{3}\int_{-1}^{2}\sqrt{4-t^2}\,dt+\dfrac{1}{3}\int_{-1}^{2}2t\sqrt{4-t^2}\,dt$$

ここで，
$$I_1=\int_{-1}^{2}\sqrt{4-t^2}\,dt$$
$$I_2=\int_{-1}^{2}2t\sqrt{4-t^2}\,dt$$

とおくと，
$$V = \frac{2}{3}I_1 + \frac{1}{3}I_2 \quad \cdots\cdots(*)$$
である．

I_1 は，図5の斜線部の面積に等しいので，中心角 120°の扇形 OAB と，直角三角形の面積の和と考えることにより，

$$I_1 = \text{(扇形 120° OAB)} + \text{(直角三角形 BCO)} = \frac{1}{3}\cdot 2^2 \pi + \frac{1}{2}\cdot 1 \cdot \sqrt{3}$$

$$= \frac{4}{3}\pi + \frac{\sqrt{3}}{2} \qquad \cdots\cdots\text{⑤}$$

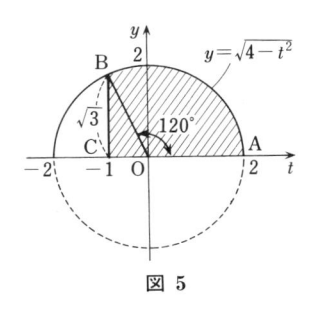

また，
$$I_2 = -\int_{-1}^{2}(4-t^2)^{\frac{1}{2}}(4-t^2)' dt = -\left[\frac{2}{3}(4-t^2)^{\frac{3}{2}}\right]_{-1}^{2} = 2\sqrt{3} \quad \cdots\cdots\text{⑥}$$

以上より，⑤，⑥を(＊)に代入して，求める体積 V は，
$$V = \frac{2}{3}I_1 + \frac{1}{3}I_2$$
$$= \frac{2}{3}\left(\frac{4}{3}\pi + \frac{\sqrt{3}}{2}\right) + \frac{1}{3}\cdot 2\sqrt{3}$$
$$= \boldsymbol{\frac{8}{9}\pi + \sqrt{3}} \qquad \cdots\cdots\text{(答)}$$

図5

[例題 2・1・3]

xyz 空間内に 8 点
  A(0, 0, 0), B(1, 0, 0), C(1, 1, 0), D(0, 1, 0),
  E(0, 0, 1), F(1, 0, 1), G(1, 1, 1), H(0, 1, 1)
を頂点とする立方体 K がある．初め，xy 平面に接していた K を $z \geqq 0$, すなわち，xy 平面の上部で，y 軸 (辺 AD) のまわりに 90° 回転して，面 ADHE が xy 平面に接するようにする．

次いで，これを x 軸のまわりに，さらに y 軸のまわりに，そして x 軸のまわりにそれぞれ 90°(xy 平面の上部で) 回転すると，元の位置に戻る．

K がこのように 1 周するとき，K が通過する部分を U とする．立体 U の体積を求めよ．

発想法

ある立体を動かし，それが通過する領域 (空間における物体の軌跡) の体積 を求める問題である．

体積を求める立体 U がどのような形をしているかを知るために，最初に，単位立方体 K をモデルとして実際につくってみるのがよい．

[モデルの例]

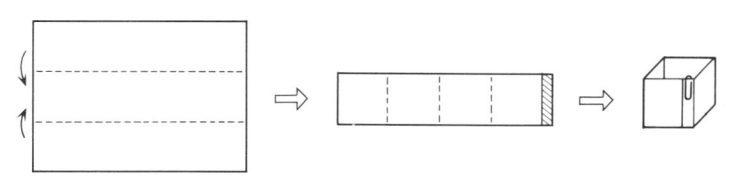

図 1

そして，モデルの立方体を動かして，立体 U の概形のイメージをつかもう．いま作った単位立方体 K(ABCD-EFGH) を第 1 象限に題意をみたすように置く (図 2)．

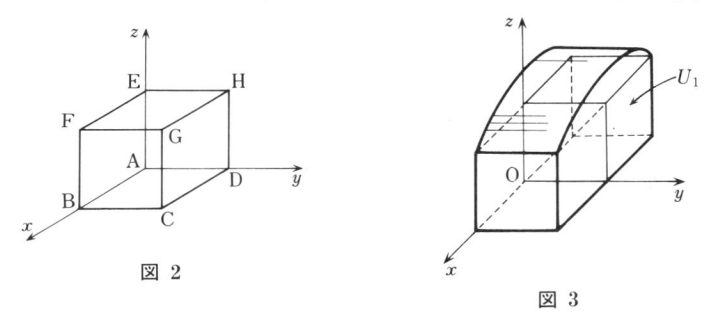

図 2

図 3

立方体 K を y 軸のまわりに $90°$ 回転し,面 ADHE が xy 平面に接するまで回転させるとき,K が通過する部分は,板カマボコのような立体になる (図3).

この立体を U_1 とする.ここで,立体 U_1 を表す不等式を求める.

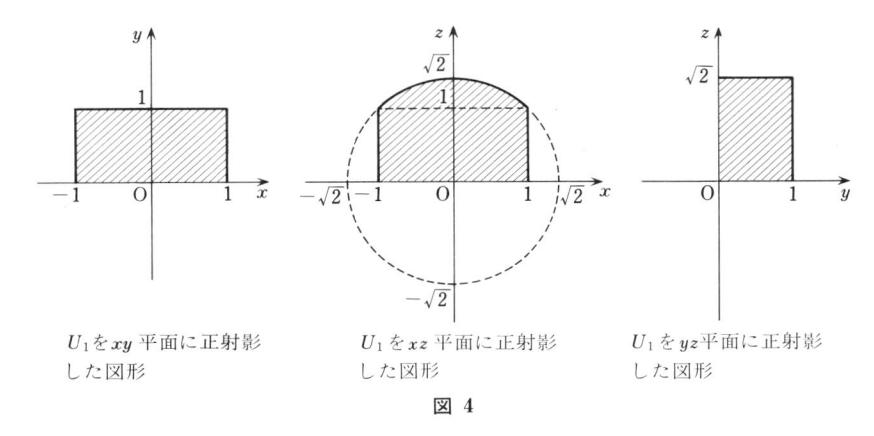

U_1 を xy 平面に正射影した図形

U_1 を xz 平面に正射影した図形

U_1 を yz 平面に正射影した図形

図 4

立体 U_1 を各座標平面に正射影した図形は,それぞれ,図4の斜線部であり,U_1 は3つの不等式

$$\begin{cases} -1 \leqq x \leqq 1 \\ 0 \leqq y \leqq 1 \\ 0 \leqq z \leqq \sqrt{2-x^2} \end{cases} \quad \cdots\cdots(*)$$

で表される.

つづいて,単位立方体 K が元の位置に戻るまで回転させていくと,図5のような,おまんじゅう状の立体 U が出現する.

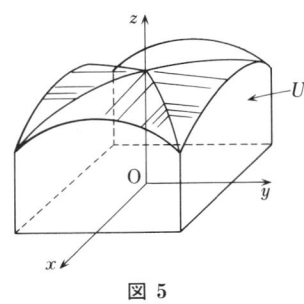

さて,ここで立体 U を表す不等式をつくって,一度に計算して U の体積を求めてしまうことも可能であるが,次のように,対称性を考慮することによって計算量を減らして解答をするほうが賢明である.

図 5

【方針1】 立体 U の対称性より,連立不等式 $(*)$ かつ $-y \leqq x \leqq y$,すなわち,

$$\left.\begin{array}{l} -1 \leqq x \leqq 1 \\ 0 \leqq y \leqq 1 \\ 0 \leqq z \leqq \sqrt{2-x^2} \\ -y \leqq x \leqq y \end{array}\right\} \quad \cdots\cdots(**)$$

をみたす立体 S(図6の太線で示す立体)の体積を求めて4倍する.

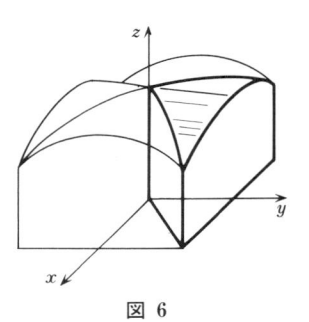

図 6

§1 平面でスライスせよ 83

【方針2】 立体 U の対称性より，連立不等式

$$\left.\begin{array}{l} 0 \leq x \leq 1 \\ 0 \leq y \leq 1 \\ 0 \leq z \leq \sqrt{2-x^2} \end{array}\right\} \quad \cdots\cdots(*)'$$

または，

$$\left.\begin{array}{l} 0 \leq y \leq 1 \\ 0 \leq x \leq 1 \\ 0 \leq z \leq \sqrt{2-y^2} \end{array}\right\} \quad \cdots\cdots(***)$$

をみたす立体 T (図7の太線で示す立体) の体積を求めて4倍する．(不等式 $(***)$ は，立体 U_1 を直線 $y=x$ に関して対称移動した立体が U_2 であることから，不等式 $(*)'$ において x を y, y を x に変えることにより得られる．)

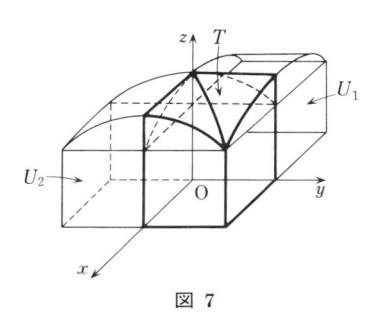

図 7

解 答 1 (【方針1】; 発想法の連立不等式 $(**)$ を用いる)

立体 S の体積を求める．立体 S の $z=(一定)$ なる平面による切り口を考える． $0 \leq z \leq 1$ のときの切り口の面積を $S_1(z)$, $1 \leq z \leq \sqrt{2}$ のときの切り口の面積を $S_2(z)$ とする (図8).

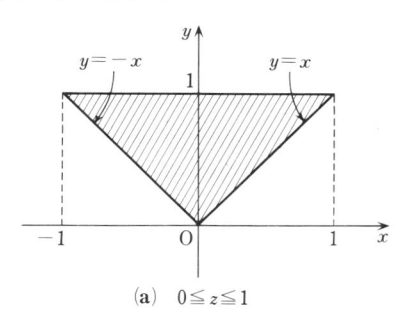

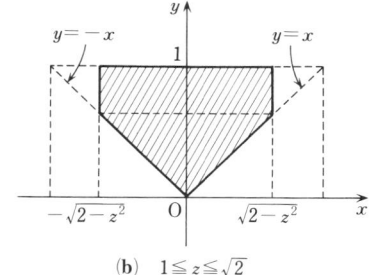

(a) $0 \leq z \leq 1$ (b) $1 \leq z \leq \sqrt{2}$

図 8

$S_1(z)=1$
$S_2(z)=(\sqrt{2-z^2})^2+2\sqrt{2-z^2}(1-\sqrt{2-z^2})$
$\qquad = 2\sqrt{2-z^2}-(2-z^2)$

よって，立体 U の体積を V とすると，

$$\frac{V}{4} = \int_0^1 S_1(x)dz + \int_1^{\sqrt{2}} S_2(z)dz$$
$$= \int_0^1 dz + 2\int_1^{\sqrt{2}} \sqrt{2-z^2}\,dz - \int_1^{\sqrt{2}}(2-z^2)dz \quad \cdots\cdots ①$$

ここで，①の右辺の第2項 $\int_1^{\sqrt{2}} \sqrt{2-z^2}\,dz$ は，図9の斜線部の面積を表すから，

$$\int_1^{\sqrt{2}} \sqrt{2-z^2}\,dz = \triangle - \triangle$$

$$= \frac{1}{8}\pi(\sqrt{2})^2 - \frac{1}{2}$$

$$= \frac{\pi}{4} - \frac{1}{2} \quad \cdots\cdots ②$$

よって，②を①に代入して，

$$\frac{V}{4} = \Big[z\Big]_0^1 + 2\Big(\frac{\pi}{4} - \frac{1}{2}\Big) - \Big[2z - \frac{z^3}{3}\Big]_1^{\sqrt{2}}$$

$$\therefore \quad V = 2\pi + \frac{20}{3} - \frac{16}{3}\sqrt{2} \quad \cdots\cdots\text{(答)}$$

図 9

[解答] 2 (【方針2】; 発想法の連立不等式 (*)′, (***) を用いる)

立体 T の $z=$(一定) なる平面による切り口を考える．

$0 \leq z \leq 1$ のときの切り口の面積を $T_1(z)$，$1 \leq z \leq \sqrt{2}$ のときの切り口の面積を $T_2(z)$ とする (図10).

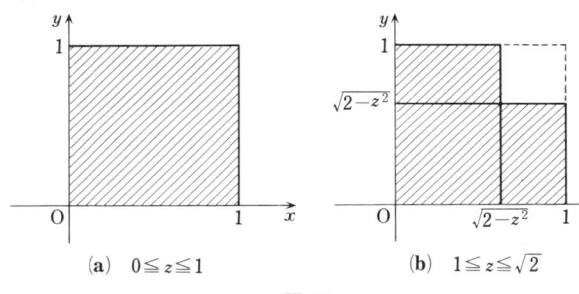

(a) $0 \leq z \leq 1$ (b) $1 \leq z \leq \sqrt{2}$

図 10

$T_1(z) = 1$

$T_2(z) = 1^2 - (1 - \sqrt{2-z^2})^2$

$\qquad = 2\sqrt{2-z^2} - (2-z^2)$

立体 U の体積を V とすると，

$$\frac{V}{4} = \int_0^1 T_1(z)\,dz + \int_1^{\sqrt{2}} T_2(z)\,dz$$

$$= \int_0^1 dz + 2\int_1^{\sqrt{2}} \sqrt{2-z^2}\,dz - \int_1^{\sqrt{2}} (2-z^2)\,dz$$

(以下，「解答1」と同様.)

―〈練習 2・1・4〉――

xyz 空間において,点 A(0, 0, 0),点 B(8, 0, 0),点 C(6, $2\sqrt{3}$, 0) とする.点 P が △ABC の辺上を 1 周するとき,P を中心とし,半径 1 の球 M が通過する領域 K の体積を求めよ.

発想法

まず,立体 K の概形を描くと,図 1 のようになる.球 M が xy 平面に関して対称であり,また,その対称性を保ったまま移動していることから,立体 K は,xy 平面に関して対称である.立体 K を $z=h$(一定)なる平面で切ったときに得られる切り口の面積を考察しよう.

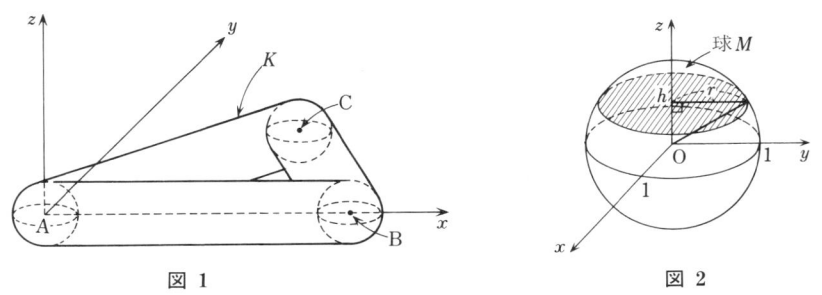

図 1 図 2

解答 立体 K を平面 $z=h$ $(0 \leq h \leq 1)$ で切った切り口の図形は,半径 $\sqrt{1-h^2}$ ($=r$ とおく)の円(図 2)を,その中心が △ABC(図 1 のように 30°定規型である)の辺上にあるように,1 周させたときの通過領域である.

切り口の面積を $S(r)$ とすると,

$$S(r) = \quad = S_1(r) + S_2(r) + S_3(r)$$
$$\cdots\cdots(*)$$

面積 $S_1(r)$,$S_2(r)$,$S_3(r)$ をそれぞれ,($*$)の右辺のように定義する.

$S_1(r)$ は,半径 r の円の面積だから,

$\quad S_1(r) = \pi r^2 \qquad \cdots\cdots$①

$S_2(r)$ は,縦 r,横がそれぞれ $4\sqrt{3}$, 4, 8 の 3 つの長方形の面積の和(図 3)だから,

$\quad S_2(r) = r(4\sqrt{3}+4+8)$

$\qquad\quad\; = (12+4\sqrt{3})r \qquad \cdots\cdots$②

$S_3(r)$ は,△ABC$-$△A'B'C'(図 3)により求めることができ,また,△A'B'C' の

面積は，△A'B'C' と △ABC が相似であることを利用して，求めることができる．

△ABC と △A'B'C' の相似比は，△ABC の内接円の半径を d とすると，$d : d - r$ である（図4）．

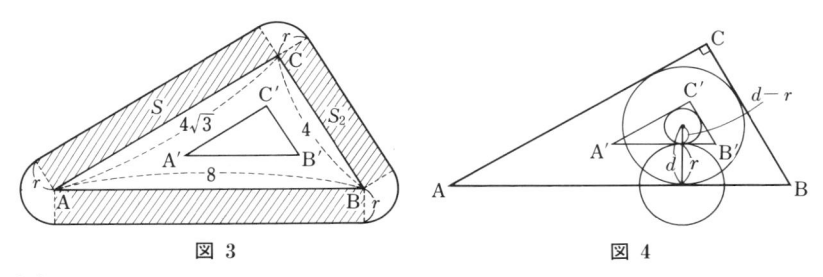

図 3

図 4

ゆえに，

$$\triangle \text{A'B'C'} = \left(\frac{d-r}{d}\right)^2 \triangle \text{ABC}$$

$$S_3(r) = \left\{1 - \left(\frac{d-r}{d}\right)^2\right\} \triangle \text{ABC} = \left(\frac{2r}{d} - \frac{r^2}{d^2}\right) 8\sqrt{3} \quad \cdots\cdots(**)$$

d の値は，△ABC の面積を2通りに表すことにより（図5），

$$(\text{AB} + \text{BC} + \text{CA}) \times \frac{d}{2} = \frac{1}{2} \cdot \text{BC} \cdot \text{CA}$$

$$\iff (8 + 4 + 4\sqrt{3}) \frac{d}{2} = \frac{1}{2} \cdot 4 \cdot 4\sqrt{3}$$

$$\therefore \quad \frac{1}{d} = \frac{3 + \sqrt{3}}{4\sqrt{3}} = \frac{\sqrt{3} + 1}{4}$$

である．

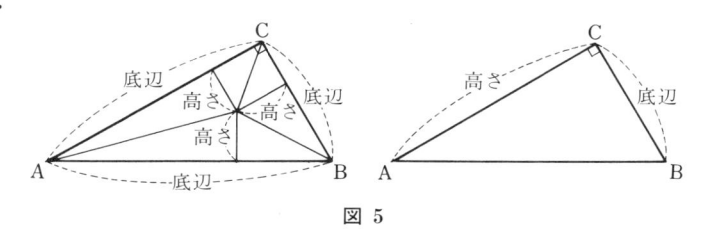

図 5

(**)にこの値を代入して，

$$S_3(r) = \left(\frac{\sqrt{3}+1}{2} r - \frac{4 + 2\sqrt{3}}{16} r^2\right) 8\sqrt{3}$$

$$= 4(3 + \sqrt{3})r - (3 + 2\sqrt{3})r^2 \quad \cdots\cdots ③$$

ゆえに，$S(r)$ は，①，②，③を($*$)に代入して，

$$S(r)=\pi r^2+(12+4\sqrt{3})r+4(3+\sqrt{3})r-(3+2\sqrt{3})r^2$$
$$=(\pi-3-2\sqrt{3})r^2+8(3+\sqrt{3})r$$

である．

立体 K の体積を V とすると，立体 K が xy 平面に関して対称であることに注意して，

$$V=2\int_0^1\{(\pi-3-2\sqrt{3})r^2+8(3+\sqrt{3})r\}dh \quad \cdots\cdots(***)$$

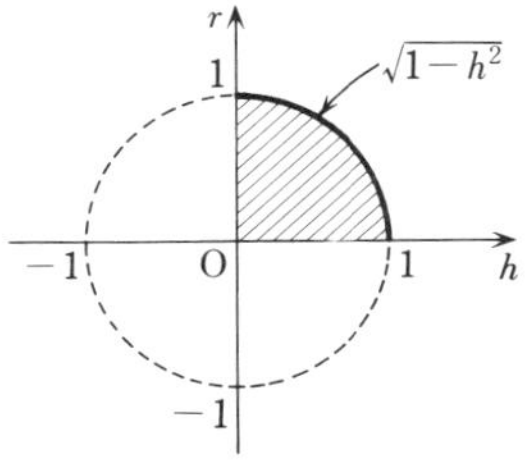

ここで，$r=\sqrt{1-h^2}$ であるから，

$$\int_0^1 r^2 dh=\int_0^1(1-h^2)dh=\left[h-\frac{h^3}{3}\right]_0^1=\frac{2}{3} \quad \cdots\cdots④$$

$$\int_0^1 r\,dh=\int_0^1\sqrt{1-h^2}\,dh=\frac{\pi}{4} \quad (図6) \quad \cdots\cdots⑤$$

図 6

である．

よって，V は，$(***)$ と ④, ⑤ より，

$$V=2(\pi-3-2\sqrt{3})\frac{2}{3}+16(3+\sqrt{3})\frac{\pi}{4}$$
$$=\left(\frac{40}{3}+4\sqrt{3}\right)\pi-\left(4+\frac{8}{3}\sqrt{3}\right) \quad \cdots\cdots(答)$$

§2 立体の分割のしかた

手で握れるほどの小さな雪玉を雪の上で転がすことにより，つまり，小さな雪玉を雪の膜で何枚も，何枚も包んでいくことにより，大きな雪だるまを作ることができる(図A)．

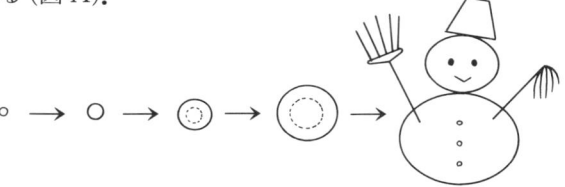

図 A

この発想から，半径 r の球 R の体積を，図Bのように球の表面を覆う微小な厚み $\varDelta$ をもった薄い皮膜に分割して求める方法("雪だるま型分割法")が考えられる．実際に，このような分割法によって体積を求めると，どうなるのかを考えてみよう．

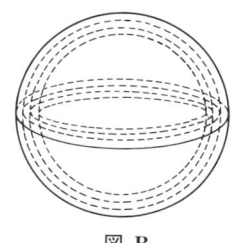

図 B

≪雪だるま型分割法≫

精密に議論するために，半径 r の球に原点が中心になるように座標を導入する(図C)．

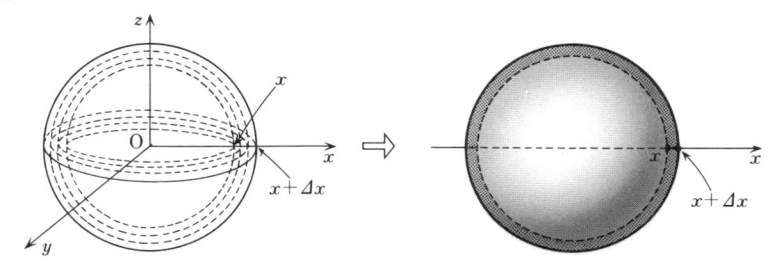

図 C

半径 r の球 R を，図Bで示したように，微小な厚み $\varDelta x$ をもつ(球を覆う)皮膜に分割していく．各皮膜の体積の総和こそが，まさに球 R の体積にほかならない．

では，図Cのアミ点部で示した，1枚の薄い皮膜 S_x の微小体積 $\varDelta V(x)$ を求めてみよう．

S_x は半径 $(x+\varDelta x)$ の球から，半径 x の同心球をくり抜いたものであるから，

$$\varDelta V(x) = \frac{4}{3}\pi(x+\varDelta x)^3 - \frac{4}{3}\pi x^3$$

$$= \frac{4}{3}\pi\{3x^2\cdot\varDelta x + 3x\cdot(\varDelta x)^2 + (\varDelta x)^3\}$$

$$\left(\begin{array}{l}\text{ここで，}\varDelta x \text{ を微小にとったことより，}(\varDelta x)^2,\ (\varDelta x)^3\ \text{は，}\\ \text{(高位の無限小となり) 0 とみなすことができる．}\end{array}\right)$$

$$\fallingdotseq \frac{4}{3}\pi\cdot 3x^2\cdot\varDelta x = 4\pi x^2\cdot\varDelta x$$

ここで，$4\pi x^2\cdot\varDelta x$ が何を意味するのかを考えてみると，これは，半径 x の球の表面積 $4\pi x^2$ に微小な厚み $\varDelta x$ をかけたものである．したがって，立体 S_x は，"球から同心球をくり抜いたものである" などとしてとらえるまでもなく，最初から，

　"微小な厚み $\varDelta x$ をもっている半径 x の球の表皮"

としてとらえてよいことがわかる．

さて，求めるべき球の体積 V は，分割した厚みの方向，すなわち x 軸に関して S_x をよせ集めたもの，すなわち，

$$V = \int_0^r 4\pi x^2 dx$$

として求められるはずである．これを実際に計算してみると，

$$V = \left[\frac{4}{3}\pi x^3\right]_0^r = \frac{4}{3}\pi r^3$$

となり，これは確かに，半径 r の球の体積を与える公式に一致している．

よって，いまのような分割のしかた，および，その際に行った微小部分の近似のしかたが適切であること，すなわち "雪だるま型分割" による求積法が実用可能であることが裏付けられたわけである．

上述の "雪だるま型分割法" の手法がどんな問題に対して適用できるのかを考えると，球や柱体，すい体 (三角すいなど) などの表面積が容易に計算できる場合に有用であり，その適用範囲は限られていることがわかる．しかし，"雪だるま型分割法" のように，

　『立体から薄い厚みをもつ立体の表皮をはがしていって，その皮の体積の総和
　　こそが，まさに，求めるべき立体の体積である』

という考え方に基づく立体の求積法が，"雪だるま型分割法" 以外にも存在する．それらの求積法がこれから解説する "バームクーヘン型分割法" と "トンガリ帽子型分割法" である．

≪バームクーヘン型分割法に関して≫

〔問〕 図Dに描かれた xy 平面上の曲線 $C: y=f(x)$ と，x 軸とで囲まれる領域（図D斜線部）を y 軸のまわりに回転させたときに得られる回転体の体積 V を求めよ．

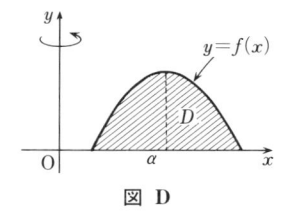

この問題は，§1で学んだように，回転軸（y 軸）に垂直に分割して求めることができる．そのときに必要となることは，$y=f(x)$ の逆関数 $x=f^{-1}(y)$ である．

$$x=f^{-1}(y)=\begin{cases} x=f_2^{-1}(y) & (x \leq \alpha) \\ x=f_1^{-1}(y) & (x \geq \alpha) \end{cases}$$

と表すことにすれば，求める体積 V は，

$$V=\int_0^{f(\alpha)}[\pi \cdot \{f_1^{-1}(y)\}^2 - \pi \cdot \{f_2^{-1}(y)\}^2]dy$$
$$=\pi\int_0^{f(\alpha)}[\{f_1^{-1}(y)\}^2 - \{f_2^{-1}(y)\}^2]dy$$

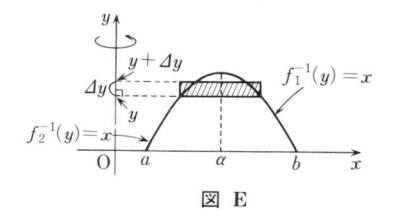

……(☆)

によって求められる（図E参照）．

しかし，この解法には次にあげる2つの難点がある．

1. $y=f(x)$ の逆関数を求めなければならない（すなわち，$y=f(x)$ を x について解かなければならない）．
2. 逆関数を積分する際の計算（式(☆)）が複雑になることが多い（しばしば，置換積分などを実行しなければならない）．

そこで，これらの難点を回避するために登場するのが新兵器 "バームクーヘン型分割法" である．この求積法を上の〔問〕を例にとって解説しよう．

図Dに，斜線で示した領域を回転軸に平行（すなわち，x 軸に垂直）に微小な厚み Δx をもたせて分割する（図F）．

すると，分割されてできた各部分は，Δx を微小にとったことによって，縦 $f(x)$，横 Δx の微小な長方形とみなすことができる．このとき，

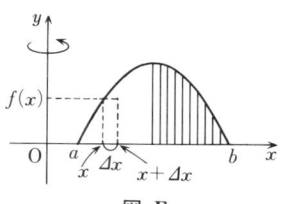

§2 立体の分割のしかた　91

(求める体積) = $\begin{pmatrix} 分割されてできた各小長方形を y 軸のま \\ わりに回転してできた円筒の体積の総和 \end{pmatrix}$

であり，小長方形を y 軸のまわりに回転してできた円筒は，

"底面の半径 $(x+\Delta x)$, 高さ $f(x)$ の円柱から，底面の半径 x, 高さ $f(x)$ の円柱をくり抜いたもの"

である(図G).

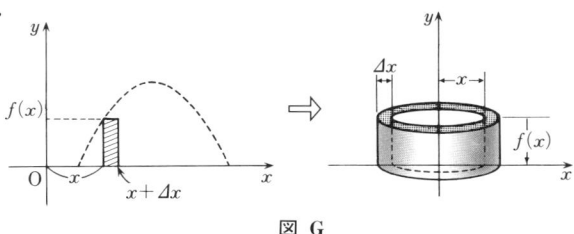

ここで，小長方形を y 軸のまわりに回転した円筒の(微小)体積を ΔV とすれば，

$$\Delta V = \pi \cdot (x+\Delta x)^2 \cdot f(x) - \pi \cdot x^2 \cdot f(x)$$
$$= \pi \cdot \{2x \cdot \Delta x + (\Delta x)^2\} \cdot f(x)$$

(∵ Δx を微小にとったので，$(\Delta x)^2$ は(高位の無限小となり)0とみなせる)

$$\fallingdotseq \pi \cdot 2x \cdot \Delta x \cdot f(x)$$
$$= 2\pi x \cdot f(x) \cdot \Delta x$$

ここで，"$\Delta V = 2\pi x \cdot f(x) \cdot \Delta x$" が意味しているものを図形的にとらえよう．まず，$2\pi x \cdot f(x)$ は，"半径を x とする円を底面とし，高さ $f(x)$ の円柱の側面積"であるから，これに Δx をかけたものは，図Hのような微小体積をもつ直方体である．

よって，図Iに示す2つの図形の体積は等しい．

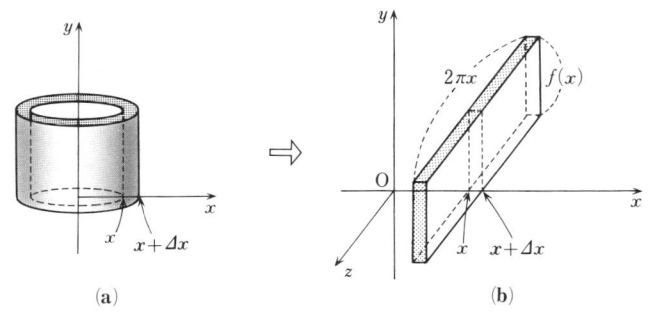

図 I　(b)の直方体は(a)のくり抜き円柱を平面状に開いたものである

よって，求めるべき回転体の体積 V は，図 H に示した直方体の体積 ΔV を x 軸に関して $a \leq x \leq b$ の範囲でよせ集めたものに等しいので，

$$V = 2\pi \cdot \int_a^b x \cdot f(x) dx \quad \cdots\cdots (\text{☆☆})$$

として求められることがわかる．

前述の式 (☆) と (☆☆) とを比較すれば，"バームクーヘン型分割法" による求積法のほうが，この種の問題に対しては，優れていることがわかるであろう．

≪トンガリ帽子型分割法に関して≫

図 J に描かれた xy 平面上の曲線 $C: y = f(x)$ と，座標軸に平行でない直線 $l: y = kx$ $(k \neq 0)$ で囲まれる領域 D を直線 l のまわりに回転したときに得られる回転体の体積を求める問題が与えられたとしよう．

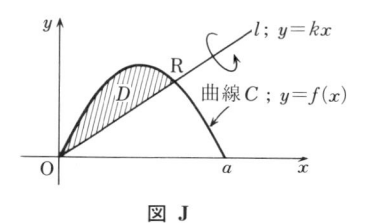

図 J

この問題も，§1 で学習したようにして求められる．すなわち，領域 D を回転軸（直線 l）に垂直に微小の厚み Δt をもたせて切っていき，そのように微小分割された部分を回転軸 l $(y = kx)$ のまわりに回転させると，図 K に示すように，"底面の円の半径 PQ，高さ Δt のうすっぺらな円柱" になる．よって，その微小体積 ΔV を分割した方向（直線 l の方向）によせ集めることによって，体積 V は求められる．

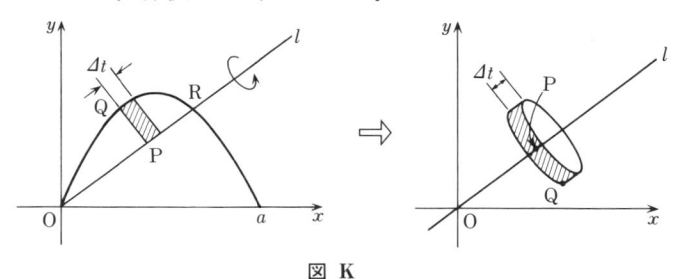

図 K

ここで，半径 PQ の長さは，点 P の座標を P(s, ks) とおくなどした後に，（点 P の x 座標）s の関数 $f(s)$ として表される．よって，うすっぺらな円柱の体積 ΔV は，

$$\Delta V = \pi \cdot \text{PQ}^2 \cdot \Delta t = \pi \{f(s)\}^2 \cdot \Delta t$$

として表される．しかし，ΔV が s の関数で表されたからといって，

$$V = \int_0^a \pi \{f(s)\}^2 ds \quad \cdots\cdots ①$$

などと，s で積分して求めようとするのは誤りである．

なぜなら，$\varDelta V$ は直線 l 方向に分割された円柱の体積なのだから，直線 l 方向に集めてやらなければならないからである（式①が示しているのは $\varDelta V$ を s の方向，すなわち x 軸方向に集めたときに得られる体積である）．したがって，求めるべき体積 V は，OR$=T$, OP$=t$ とすれば，

$$V = \int_0^T \pi \cdot \{f(s)\}^2 dt \quad \cdots\cdots ②$$

によって得られる．

しかし，ここで②は，このままの形では計算できないので，②を計算するためには，(点 P の x 座標) s と t の関係を調べ，②を s のみ，または t のみの関数に直さなければならない．

だが，②を1変数関数に直しても，その形が複雑になってしまうことが多い（例題2・2・2参照）．

そこで，この難点を克服するための求積法が，以下に示す〝トンガリ帽子型分割法〟である．

話をわかりやすくするために，以下では，図 J で示した曲線 $C: y=f(x)$，直線 $l: y=kx$ として次に示す具体的な例をとりあげて解説しよう．すなわち，

$$C: y = -(x-1)^2+1, \quad l: y = \frac{1}{2}x$$

とする．

まず，図 J において斜線部で示した領域 D を x 軸に垂直に，図 L のような形とみなせるように，厚み $\varDelta x$ を微小にとって分割する．

すると，図 L のように分割された微小部分（斜線部）のおのおのを直線 l のまわりに回転したものは，図 M のように，

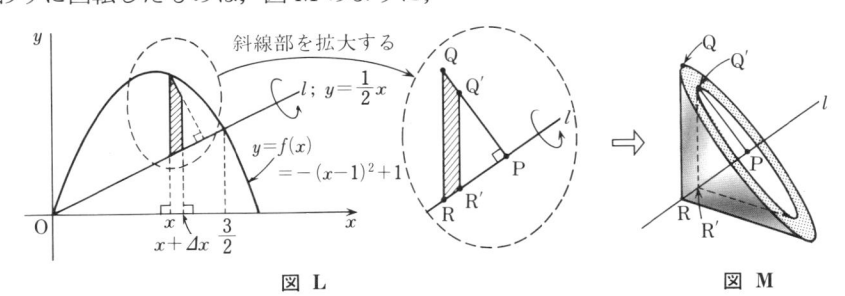

図 L

図 M

94　第 2 章　立体の体積の求め方

"底面の円の半径 PQ, 高さ PR の円すいから, 底面の円の半径 PQ′, 高さ PR′ の円すいをくり抜いたくり抜き円すい W''"

となる. その体積を $\varDelta V'$ とすれば, 求める体積 V は $\varDelta V'$ を x 軸方向に関してよせ集めたもの, すなわち,

$$V = \int_0^{\frac{3}{2}} \varDelta V' dx$$

として求められる.

そこで, 立体 W の (微小) 体積 $\varDelta V'$ を具体的に求めてみよう.

図 N より,

　　$\triangle$OMP∽$\triangle$QPR∽$\triangle$QNQ′∽$\triangle$R′LR

また, $\dfrac{\text{MP}}{\text{OM}} = $ (直線 l の傾き) $= \dfrac{1}{2}$ より,

　　MP : OM : OP $= 1 : 2 : \sqrt{5}$

一方, Q$(x, f(x))$, R$\left(x, \dfrac{1}{2}x\right)$ より,

　　QR $= -(x-1)^2 + 1 - \dfrac{1}{2}x = -x^2 + \dfrac{3}{2}x$

よって, PQ $= \dfrac{2}{\sqrt{5}} \cdot$ QR, 　PR $= \dfrac{1}{\sqrt{5}} \cdot$ QR

また, 　Q′N : QQ′ $= 1 : \sqrt{5}$ かつ Q′N $= \varDelta x$ より,

　　QQ′ $= \sqrt{5} \cdot \varDelta x$　∴　PQ′ $=$ PQ $- \sqrt{5} \cdot \varDelta x$

同様にして, 　RR′ : R′L $= \sqrt{5} : 2$ かつ R′L $= \varDelta x$ より,

　　RR′ $= \dfrac{\sqrt{5}}{2} \cdot \varDelta x$　∴　PR′ $=$ PR $- \dfrac{\sqrt{5}}{2} \cdot \varDelta x$

よって,

$$\varDelta V = \dfrac{\pi}{3} \cdot \text{PQ}^2 \cdot \text{PR} - \dfrac{\pi}{3} \cdot \text{PQ}'^2 \cdot \text{PR}'$$

$$= \dfrac{\pi}{3} \cdot \dfrac{4}{5\sqrt{5}} \left(-x^2 + \dfrac{3}{2}x \right)^3$$

$$- \dfrac{\pi}{3} \left\{ \dfrac{2}{\sqrt{5}} \left(-x^2 + \dfrac{3}{2}x \right) - \sqrt{5} \cdot \varDelta x \right\}^2 \left\{ \dfrac{\left(-x^2 + \dfrac{3}{2}x \right)}{\sqrt{5}} - \dfrac{\sqrt{5}}{2} \varDelta x \right\}$$

《ここで $(\varDelta x)^2$, $(\varDelta x)^3$ は (高位の無限小となり) 0 とみなせることを考慮して計算を続けると (途中計算省略)》

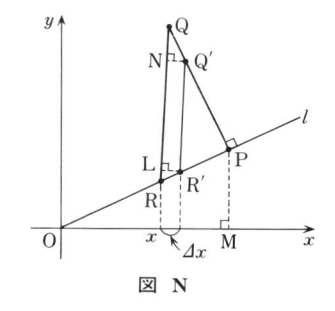

$$\fallingdotseq \pi \cdot \left(-x^2 + \frac{3}{2}x\right) \cdot \left\{\frac{2}{\sqrt{5}} \cdot \left(-x^2 + \frac{3}{2}x\right)\right\} \cdot \varDelta x$$
$$= \pi \cdot \mathrm{QR} \cdot \mathrm{QP} \cdot \varDelta x$$

ここで，$\pi \cdot \mathrm{QR} \cdot \mathrm{QP}$ は，

"底面の円の半径 PQ，母線の長さ QR の円すいの側面積" である．

よって，

$$\varDelta V = \pi \cdot \mathrm{QR} \cdot \mathrm{QP} \cdot \varDelta x$$

の式より，立体 W とは，"円すいから円すいをくり抜いたもの" などと考えるまでもなく，

"底面の円の半径 PQ，母線の長さ QR の円すいの微小な厚さ $\varDelta x$ をもつ立体（図 O）の体積"

としてとらえてよいことが示された．

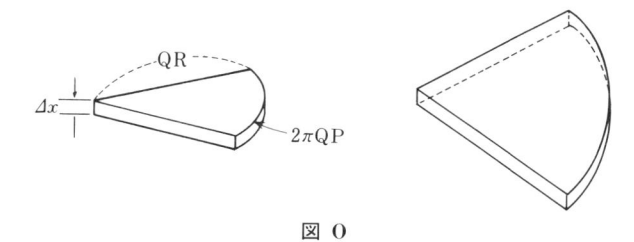

図 O

よって，題意の体積は，

$$V = \int_0^{\frac{3}{2}} \pi \cdot \mathrm{QR} \cdot \mathrm{QP}\, dx = \pi \int_0^{\frac{3}{2}} \frac{2}{\sqrt{5}}\left(-x^2 + \frac{3}{2}x\right)^2 dx$$
$$= \frac{2}{\sqrt{5}}\pi\left[\frac{1}{5}x^5 - \frac{3}{4}x^4 + \frac{3}{4}x^3\right]_0^{\frac{3}{2}} = \frac{2}{\sqrt{5}}\pi \cdot \frac{3^3}{2^3} \cdot \frac{3}{40}$$
$$= \frac{81\pi}{160\sqrt{5}}$$

として求められる．

前述の式②で計算した場合と比較すると，"トンガリ帽子型分割法" による求積法のほうが，この種の問題に対する解法として優れていることがわかるであろう．

本節では，"バームクーヘン型分割法" および "トンガリ帽子型分割法" による求積法について学習する．

[例題 2・2・1]

原点 O と点 $(1,1)$ を通る上に凸で，軸が y 軸に平行な放物線のうち，その放物線と x 軸とが囲む部分を y 軸に回転して得られる立体 T の体積を最小にするものを定めよ．

発想法

まず，題意の立体 T の体積を y 軸に垂直に微小分割して求めることを考えてみよう．問題文で与えられている状況を図示すると，図1のようになる．

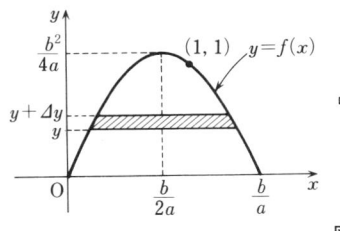

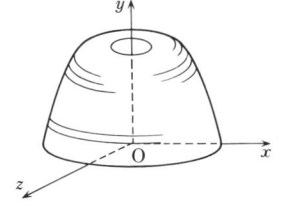

図 1

題意の放物線は，
$$y = -ax^2 + bx \equiv f(x) \quad \cdots\cdots(\text{☆}) \quad (a>0, \ -a+b=1)$$
とおける．このとき，放物線の頂点の座標は，
$$y = -a\left(x - \frac{b}{2a}\right)^2 + \frac{b^2}{4a} \quad \text{より，} \quad \left(\frac{b}{2a}, \frac{b^2}{4a}\right)$$
と表せる．いま，(☆)の逆関数 $x = f^{-1}(y)$ を
$$x = f^{-1}(y) = \begin{cases} y = f_-^{-1}(y) & \left(0 \leq x \leq \dfrac{b}{2a}\right) \\ x = f_+^{-1}(y) & \left(\dfrac{b}{2a} \leq x \leq \dfrac{b}{a}\right) \end{cases}$$
と表すことにすると，立体 T の体積 V は，次式により求められる．
$$V = \pi \int_0^{\frac{b^2}{4a}} \left[\left\{f_+^{-1}(y)\right\}^2 - \left\{f_-^{-1}(y)\right\}^2 \right] dy \quad \cdots\cdots(\text{☆☆})$$

本問では，$y = f(x)$ が x の2次関数であることから，$x = f^{-1}(y)$ は比較的容易に求められ，(☆)を x について実際に解いてみると，
$$\begin{cases} f_-^{-1}(y) = \dfrac{b - \sqrt{b^2 + 4ay}}{2a} = x & \left(0 \leq x \leq \dfrac{b}{2a}\right) \\ f_+^{-1}(y) = \dfrac{b + \sqrt{b^2 + 4ay}}{2a} = x & \left(\dfrac{b}{2a} \leq x \leq \dfrac{b}{a}\right) \end{cases}$$
となる．これらを(☆☆)に代入して計算すれば，立体 T の体積 V は求められるが，この計算は，面倒である．そこで，この面倒な計算を回避するために，"バームクーヘン型分割法"による求積法で，立体 T の体積を求めてみよう．

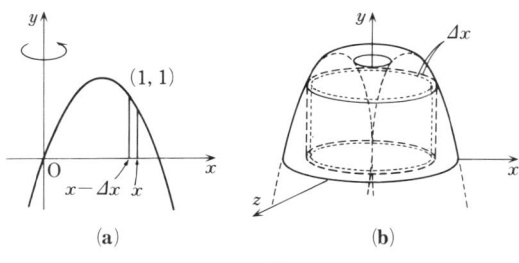

図 2

解答 題意の放物線は，原点を通り，かつ上に凸であることから，
$$y=-ax^2+bx, \quad a>0$$
とおくことができる．また，この放物線が点 $(1,1)$ を通ることから，
$$1=-a+b \iff b=a+1$$
よって，題意の放物線は，$a>0$ として，
$$y=-ax^2+(a+1)x \equiv f(x) \quad \cdots\cdots ①$$
$$\iff f(x)=ax\left(\frac{a+1}{a}-x\right)$$
と書ける．ここで，式を見やすくする（書く手間を省く）ために，$\dfrac{a+1}{a}=k$ とおくと，
$$f(x)=ax(k-x)$$
とおける．

図 3

立体 T の体積 V は，図 3, 4 より，
$$V=\int_0^k 2\pi x \cdot f(x)dx = 2\pi a \int_0^k x^2(k-x)dx$$
$$=2\pi a\left[\frac{kx^3}{3}-\frac{x^4}{4}\right]_0^k = \frac{\pi}{6}ak^4$$
$$=\frac{\pi}{6}\frac{(a+1)^4}{a^3} \equiv \frac{\pi}{6}F(a)$$

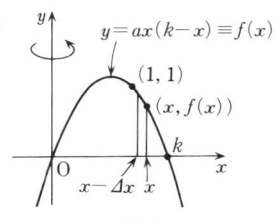

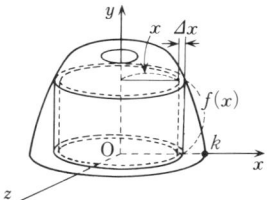

図 4　円筒の微小体積 $\varDelta V$ は，
$\varDelta V=2\pi x \cdot f(x) \cdot \varDelta x$ で与えられる．

V の増減は $F(a)$ の増減と一致するので，$0<a$ の範囲で，$F(a)$ が最小となる a を求め，それを①に代入したものが求めるべき放物線の方程式である．
$$F'(a)=\frac{(a+1)^3(a-3)}{a^4}$$
より，右の増減表を得る．これより，$a=3$ のとき，V は最小になるので，求める放物線は，①に $a=3$ を代入して，
$$\boldsymbol{y=-3x^2+4x} \quad \cdots\cdots(答)$$

a	0		3	
$F'(a)$		$-$	0	$+$
$F(a)$		↘		↗

98　第2章　立体の体積の求め方

┌─〈練習 2・2・1〉─────────────────────┐
│　関数 $f(x)=|x-\sqrt{1-x^2}|$ $(0\leqq x\leqq 1)$ について，
│ $y=f(x)$ のグラフの概形を描き，曲線 $y=f(x)$ と直線 $y=1$ とで囲まれた
│ 部分を y 軸のまわりに回転してできる立体 T の体積を求めよ．(中央大 改)
└─────────────────────────────┘

発想法

　$g(x)=x-\sqrt{1-x^2}$ のグラフは，$g_1(x)=x$，$g_2(x)=\sqrt{1-x^2}$ とおくと，
直線 $g_1(x)=x$ と半円 $g_2(x)=\sqrt{1-x^2}$ の y 座標の差
$$y=g_1(x)-g_2(x)$$
の計算を xy 平面上で行うことにより描くことができる．ここで，xy 平面上で差を計算してグラフを描くというのは，図1に示すように，$x=a$ $(0\leqq a\leqq 1)$ に関して，$g_2(a)$ の長さ ⟷ をとり，次に，点 $(a, g_1(a))$ から y 軸の負方向に ⟷ の長さと等しくなるような点 $(a, g_2(a)-g_1(a))$ をとって，$0\leqq a\leqq 1$ の範囲でプロットしていくことにより曲線 $y=x-\sqrt{1-x^2}$ が得られる (図2) ということである．

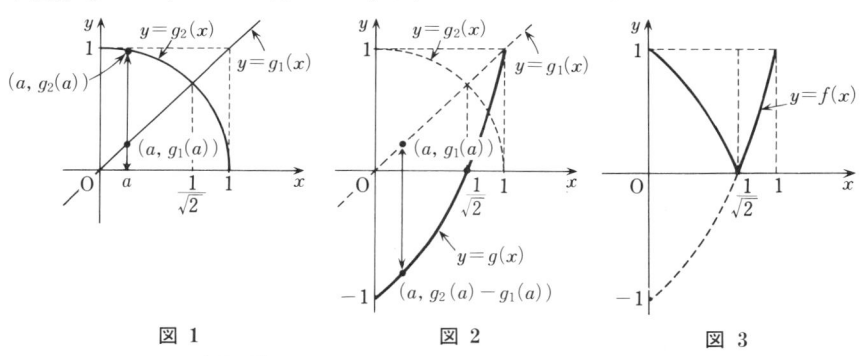

図1　　　図2　　　図3

　$y=f(x)=|x-\sqrt{1-x^2}|$ のグラフは，
$y=x-\sqrt{1-x^2}$ のグラフの負の部分を x 軸に関して折り返すことにより，得られる (図3).
　次に，立体 T の体積を求めることについて考える．立体 T を回転軸 (y 軸) に垂直な平面でスライスして求めようとすると，$y=f(x)$ $(=|x-\sqrt{1-x^2}|)$ の逆関数 $x=f^{-1}(y)$ を求めなければならない．しかし，$y=|x-\sqrt{1-x^2}|$ を x について解くことは至難の技である．そこで，立体 T の体積を求めるには"バームクーヘン型分割法"によって求めなければならない．このとき，立体 T の存在範囲に対応する

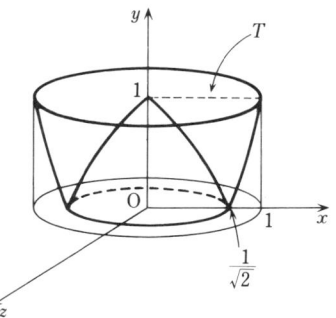

図4

§2 立体の分割のしかた　99

x の変域を $a \leqq x \leqq b$ とすると，立体 T の体積は
$$V = 2\pi \int_a^b x\{1-f(x)\}\,dx \quad \cdots\cdots(*)$$
で与えられる (図5)．

なお，立体 T は図4に示すレモン絞り器のような立体である．

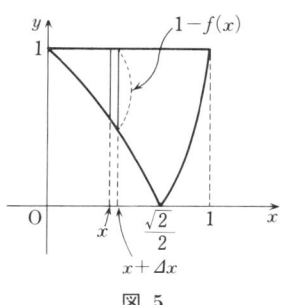

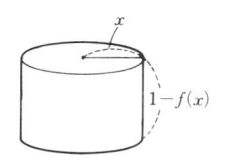

円柱の側面積は，
$2\pi x\{1-f(x)\}$
で与えられる．

図 5

[解 答] $y=f(x)$ のグラフの概形は図3のようになる．　　……(答)

立体 T の体積 V は，「発想法」の $(*)$ の式および，図3より，
$$V = \int_0^1 2\pi x\{1-f(x)\}\,dx$$
$$= \int_0^{\frac{1}{\sqrt{2}}} 2\pi x\{1-(\sqrt{1-x^2}-x)\}\,dx + \int_{\frac{1}{\sqrt{2}}}^1 2\pi x\{1-(x-\sqrt{1-x^2})\}\,dx$$
$$= 2\pi\Big\{\int_0^{\frac{1}{\sqrt{2}}} x\,dx + \int_{\frac{1}{\sqrt{2}}}^1 x\,dx + \int_0^{\frac{1}{\sqrt{2}}} x^2\,dx - \int_{\frac{1}{\sqrt{2}}}^1 x^2\,dx - \int_0^{\frac{1}{\sqrt{2}}} x\sqrt{1-x^2}\,dx$$
$$\qquad + \int_{\frac{1}{\sqrt{2}}}^1 x\sqrt{1-x^2}\,dx\Big\}$$
$$= 2\pi\Big\{\int_0^1 x\,dx + 2\int_0^{\frac{1}{\sqrt{2}}} x^2\,dx - \int_0^1 x^2\,dx - 2\int_0^{\frac{1}{\sqrt{2}}} x\sqrt{1-x^2} + \int_0^1 x\sqrt{1-x^2}\,dx\Big\}$$
$$\cdots\cdots(**)$$

（注　いまのように式変形できる理由は後述の(補足)を参照せよ）

ここで，
$$\int_0^1 x\,dx = \Big[\frac{x^2}{2}\Big]_0^1 = \frac{1}{2} \qquad\qquad\qquad\qquad \cdots\cdots①$$

$$2\int_0^{\frac{1}{\sqrt{2}}} x^2\,dx - \int_0^1 x^2\,dx = 2\Big[\frac{x^3}{3}\Big]_0^{\frac{1}{\sqrt{2}}} - \Big[\frac{x^3}{3}\Big]_0^1 = \frac{1}{3\sqrt{2}} - \frac{1}{3} \qquad \cdots\cdots②$$

$$-2\int_0^{\frac{1}{\sqrt{2}}} x\sqrt{1-x^2}\,dx + \int_0^1 x\sqrt{1-x^2}\,dx$$
$$= -2\Big[-\frac{1}{3}(1-x^2)^{\frac{3}{2}}\Big]_0^{\frac{1}{\sqrt{2}}} + \Big[-\frac{1}{3}(1-x^2)^{\frac{3}{2}}\Big]_0^1 = -2\Big(-\frac{1}{6\sqrt{2}} + \frac{1}{3}\Big) + \frac{1}{3}$$

$$= \frac{1}{3\sqrt{2}} - \frac{1}{3} \qquad \cdots\cdots ③$$

である．よって，求める体積 V は，①, ②, ③ を（＊＊）に代入して，

$$V = 2\pi \left(\frac{1}{2} + \frac{1}{3\sqrt{2}} - \frac{1}{3} + \frac{1}{3\sqrt{2}} - \frac{1}{3} \right)$$

$$= \frac{\pi}{3}(2\sqrt{2} - 1) \qquad \cdots\cdots（答）$$

（補足）（＊＊）のように，式変形したのは，次の事実を用いた．

$\int_a^b g(x)dx$ と $\int_b^c g(x)dx$ に関して $y = g(x)$ の原始関数の1つを $G(x)$ で表すことにすると，

(i) $\int_a^b g(x)dx + \int_b^c g(x)dx = \int_a^c g(x)dx$

(ii) $\int_a^b g(x)dx - \int_b^c g(x)dx = G(b) - G(a) - \{G(c) - G(b)\}$
$$= 2G(b) - G(a) - G(c)$$

(i)を用いる人は多いようだが，(ii)を用いて，手際よくまとめて計算している人は意外に少ないようだ．(ii)に関して，本問に出てくる $I = \int_0^{\frac{1}{\sqrt{2}}} x^2 dx - \int_{\frac{1}{\sqrt{2}}}^1 x^2 dx$ を例にとって，(ii)を実行する場合としない場合の差異を確かめておこう．

I の値を計算するときに，右辺を一気に展開して，次のように計算する人は少なくないであろう．

$$I = \left[\frac{1}{3}x^3 \right]_0^{\frac{1}{\sqrt{2}}} - \left[\frac{1}{3}x^3 \right]_{\frac{1}{\sqrt{2}}}^1$$

$$= \frac{1}{3}\left(\frac{1}{\sqrt{2}}\right)^3 - \frac{1}{3} \cdot 0 - \left\{ \frac{1}{3} - \frac{1}{3}\left(\frac{1}{\sqrt{2}}\right)^3 \right\} \quad \cdots\cdots ㋐$$

$$= \frac{1}{6\sqrt{2}} - \frac{1}{3} + \frac{1}{6\sqrt{2}} = \frac{\sqrt{2} - 2}{6}$$

しかし，ここで，関数 $y = x^2$ の原始関数のうち，$F(0) = 0$ をみたす関数を $F(x)$ とおいて，I を整理すると，

$$I = \int_0^{\frac{1}{\sqrt{2}}} x^2 dx - \int_{\frac{1}{\sqrt{2}}}^1 x^2 dx = \left[F(x) \right]_0^{\frac{1}{\sqrt{2}}} - \left[F(x) \right]_{\frac{1}{\sqrt{2}}}^1$$

$$= F\left(\frac{1}{\sqrt{2}}\right) - \underbrace{F(0)}_{=0} - F(1) + F\left(\frac{1}{\sqrt{2}}\right) \quad \cdots\cdots ㋑$$

このように整理してみると，㋐の計算では，$F\left(\frac{1}{\sqrt{2}}\right)$ の計算を2回，別の場所で行っていることがわかる．すなわち，同じ計算であることを無視しているために，ムダな労力をつかっているのだ．

そこで，このような計算の2度手間を避けるために，本問では次のような式変形を行って(＊＊)を導いたのである．

$$\text{①} \iff 2F\left(\frac{1}{\sqrt{2}}\right) - F(1)$$
$$= 2\left\{F\left(\frac{1}{\sqrt{2}}\right) - F(0)\right\} - \{F(1) - F(0)\}$$
$$= 2\int_0^{\frac{1}{\sqrt{2}}} x^2 dx - \int_0^1 x^2 dx \quad \cdots\cdots \text{ウ}$$

[例題 2・2・2]

放物線 $y=x^2-2x$ と直線 $y=\dfrac{1}{2}x$ とで囲まれた部分を、この直線を軸として、1回転して得られる立体 T の体積を求めよ。　　　　　　（大阪教育大）

発想法

解説のところで述べたように，xy 平面上のある領域を座標軸に平行でない回転軸のまわりに回転して得られる立体の体積を求める問題では，"トンガリ帽子型分割法"が威力を発揮する．ここでは，平面スライス型による分割法で求めた場合とトンガリ帽子型分割法で求めた場合について比較してみよう．

まず，平面スライス型分割法による解法について考えてみる．

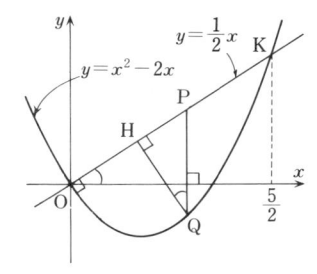

図 1

放物線 $y=x^2-2x$ と直線 $y=\dfrac{1}{2}x$ の原点 O 以外の交点を K とする．また，直線 $y=\dfrac{1}{2}x$ 上に点 P をとり，点 P を通り x 軸に垂直な直線と放物線 $y=x^2-2x$ の交点を Q，点 Q から直線 $y=\dfrac{1}{2}x$ に下ろした垂線の足を点 H とする（図1）．

立体 T を回転軸に垂直な平面で，微小な厚み Δt をもたせてスライスしていくと，微小な厚み Δt を高さとする小円柱に分割される．そこで，切り口である（小円柱の底面である）円の面積をまず求める．直線 $y=\dfrac{1}{2}x$ 上の点 H $\left(a, \dfrac{a}{2}\right)$ を通る回転軸に垂直な平面による切り口は，半径 QH の円である．また，QH が点 H の x 座標 a による関数で表されることから，円の面積 $\pi\mathrm{QH}^2$ は a の関数 $S(a)$ で表される．よって，求める体積 V は，分割された円柱の微小体積 $S(a)\cdot\Delta t$ を直線 $y=\dfrac{1}{2}x$ に関してよせ集めたものとして得られる．すなわち，

$$V=\int_0^{\mathrm{OK}} S(a)dt \quad\cdots\cdots(☆)$$

によって得られるわけである．ここで，被積分関数が a の関数であるが，これは，積分定数 t と一致していない．したがって，a と t の関係を調べなければならない．

本問の場合，切り口の面積を与える関数の変数 a が変化する方向は x 軸方向であり，切り口の厚み Δt の方向は回転軸 $\left(y=\dfrac{1}{2}x\right)$ 方向であることから，Δt と Δa の間には，

$$\varDelta t = \sqrt{(\varDelta a)^2 + \left(\frac{1}{2}\varDelta a\right)^2} = \frac{\sqrt{5}}{2}\varDelta a$$

なる関係がある．

よって，立体 T の体積は，
$$V = \int_0^{\mathrm{OK}} S(a) \cdot \frac{\sqrt{5}}{2} da \quad \cdots\cdots(\text{☆})'$$

によって与えられる．

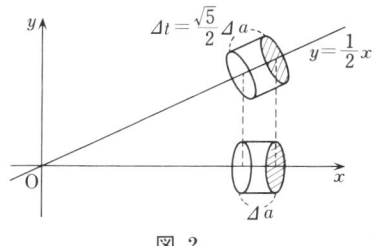

図 2

しかし，いまの解法では，(☆)′ にたどりつくまでの間もラクではなかったが，(☆)′ を実際に計算するのも，かなり骨の折れる作業となる（**【別解】** を参照せよ）．

そこで，この煩雑な計算を回避するために，"トンガリ帽子型分割法"による求積を実行する．すなわち，立体 T を回転軸に垂直に切るのではなく，x 軸に垂直に微小な厚み $\varDelta x$ をもたせて分割するのである．すると，図3(a)のように，題意の領域を x 軸に垂直に微小な厚み $\varDelta x$ をもたせて分割して得られる微小領域のおのおのを回転させて得られるくり抜き円すいの体積の総和が T の体積である．ここで，くり抜き円すいの体積を方程式で表すために，斜線部で示した部分に注目する．すると，それは，$\varDelta x$ の厚みをもった，底面の円の半径 QH，高さ PH の円すいの側面としてとらえることができる（図3(b), (c) 参照）．

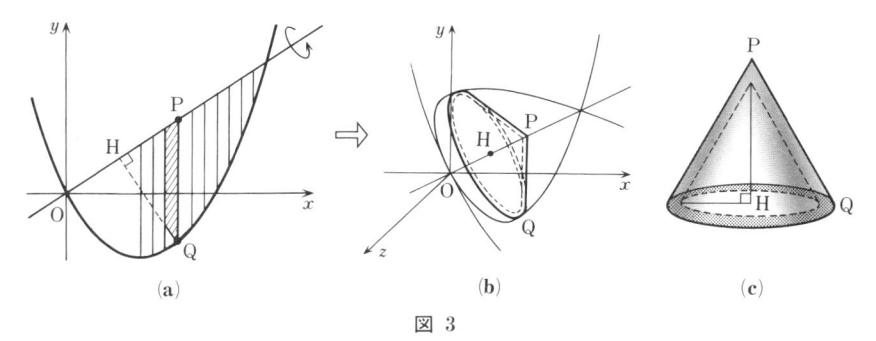

図 3

よって，
　　（分割された微小部分の体積）＝（円すいの側面積）× $\varDelta x$
と表せる．また，円すいの側面積 $\pi \mathrm{PQ} \cdot \mathrm{QH}$ は点 P（または点 H）の x 座標 t で表すことができるので，円すいの側面積を $S(t)$ とおくと，求める体積は，
$$V = \int_0^{\frac{5}{2}} S(t) dx$$
で与えられる．ここで，側面積を与える関数の変数 t が変化する方向は x 軸方向であるから，これは切り口の厚み $\varDelta x$ の方向と一致しているので，$dt = dx$ である．

よって，立体 T の体積は，

104　第2章　立体の体積の求め方

$$V = \int_0^{\frac{5}{2}} S(t)dt \quad \cdots\cdots(\text{☆☆})$$

で与えられる．ここで，$S(t)$ について少し調べてみると，

$$S(t) = \pi \cdot PQ^2 \cdot \frac{QH}{PQ} = \pi PQ \cdot QH$$

であり，また，図4より，

$$\begin{cases} \triangle PQH \backsim \triangle POQ' \\ かつ \\ \dfrac{PQ'}{OQ'} = (直線\ y = \dfrac{1}{2}x\ の傾き) = \dfrac{1}{2} \end{cases}$$

$$\iff QH = \frac{2}{\sqrt{5}} PQ$$

であるから，

$$S(t) = \frac{2}{\sqrt{5}} \pi PQ^2$$

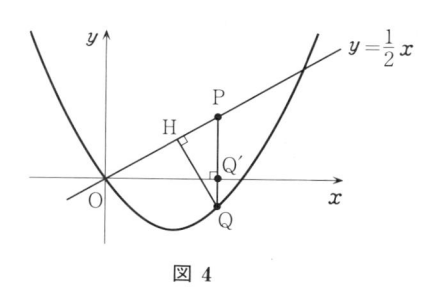

図4

と表されることがわかる．PQ は，点 $P\left(t, \dfrac{t}{2}\right)$ と点 $Q(t, t^2 - 2t)$ の y 座標の差であるから，$S(t)$ は容易に求められる．また，$S(t)$ は根号等を含まない関数であるから，(☆☆) を計算するのも比較的ラクである．

解答　線分 PQ を直線 $y = \dfrac{1}{2}x$ を軸に回転して得られる円すい（図5）の側面の面積を $S(x)$ とすると，立体 T の体積 V は，$S(x)$ の存在する範囲で積分することにより，

$$V = \int S(x)dx \quad \cdots\cdots(*)$$

で与えられる．

そこで，まず，$S(x)$ を求める．

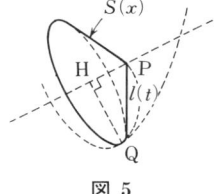

図5

点 P の座標を $P\left(t, \dfrac{1}{2}t\right)$ とすると，点 Q の座標は $Q(t, t^2 - 2t)$ であり，点 P の存在範囲は，図1より，

$$0 \leq t \leq \frac{5}{2} \quad \cdots\cdots①$$

である．また，線分 PQ の長さを $l(t)$ とすると（図5），

$$l(t) = \frac{1}{2}t - (t^2 - 2t)$$
$$= \frac{5}{2}t - t^2 \quad \cdots\cdots②$$

である．

$$(円すいの側面積) = \frac{1}{2} \cdot (底円の円周の長さ) \times l(x)$$

$$=\frac{1}{2}\cdot 2\pi \mathrm{QH}\times l(x)$$
$$=\pi\cdot l(x)\cos\angle \mathrm{PQH}\times l(x)$$
$$=\pi\{l(x)\}^2\frac{2}{\sqrt{5}}\quad \left(\text{ただし,}\ \cos\angle \mathrm{PQH}=\frac{2}{\sqrt{5}}\right)$$
$$=\frac{2}{\sqrt{5}}\pi\left(\frac{5}{2}x-x^2\right)^2\quad \cdots\cdots\text{③}\quad (\text{ただし,②より})$$

以上より,立体 T の体積 V は,①,③を(∗)に代入して,
$$V=\frac{2}{\sqrt{5}}\pi\int_0^{\frac{5}{2}}\left(\frac{5}{2}x-x^2\right)^2 dx=\frac{2}{\sqrt{5}}\pi\int_0^{\frac{5}{2}}\left(\frac{25}{4}x^2-5x^3+x^4\right)dx$$
$$=\frac{2}{\sqrt{5}}\pi\left[\frac{25}{12}x^3-\frac{5}{4}x^4+\frac{x^5}{5}\right]_0^{\frac{5}{2}}=\frac{2}{\sqrt{5}}\pi\left(\frac{5}{2}\right)^3\left\{\frac{25}{12}-\frac{5}{4}\cdot\frac{5}{2}+\frac{1}{5}\cdot\left(\frac{5}{2}\right)^2\right\}$$
$$=\frac{2}{\sqrt{5}}\pi\cdot\frac{125}{8}\cdot\frac{5}{24}$$
$$=\frac{125\sqrt{5}\,\pi}{96}\quad \cdots\cdots(\text{答})$$

【別解】 回転体 T を微小な厚み $\varDelta t$ をもたせて,回転軸に垂直に分割する.回転軸上の点 $\mathrm{H}\left(a,\dfrac{a}{2}\right)$ を通る平面によって分割された微小部分は,図6に示すように,半径 QH,厚み $\varDelta t$ のうすっぺらな円柱である.

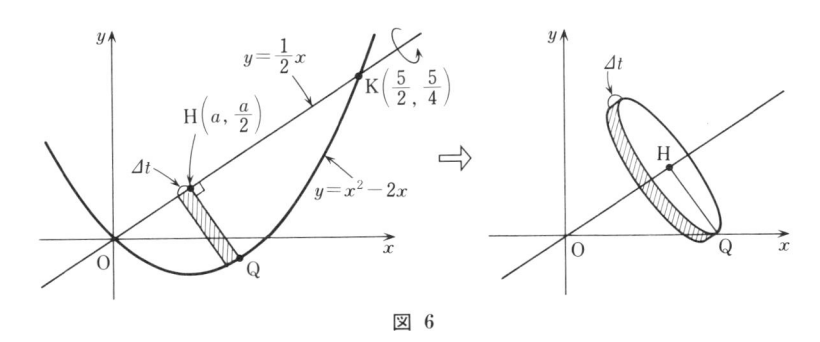

図 6

ここで,$\mathrm{OK}=k$ とし,半径 QH の円の面積を $S(a)$ とすると,求める体積 V は,
$$V=\int_0^k S(a)dt\quad \cdots\cdots(\text{☆})$$
によって求められる.まず,$S(a)$ を求める.

点 $\mathrm{H}\left(a,\dfrac{a}{2}\right)$ を通り,直線 $y=\dfrac{1}{2}x$ に垂直な直線の方程式は,
$$y=-2(x-a)+\frac{a}{2}\iff y=-2x+\frac{5}{2}a\quad \cdots\cdots\text{④}$$

である。④ かつ $y=x^2-2x$ をみたす x が点 Q の x 座標であるから，

$$-2x+\frac{5}{2}a=x^2-2x \iff x^2=\frac{5}{2}a$$

ここで，点 Q の x 座標は正であることから，

$$x=\sqrt{\frac{5a}{2}}=\frac{\sqrt{10a}}{2}$$

よって，　$Q\left(\frac{\sqrt{10a}}{2},\ \frac{5}{2}a-\sqrt{10a}\right)$

ここで，計算の便宜上，$\frac{\sqrt{10a}}{2}=t$ とおくと，

$$Q\left(t,\frac{5}{2}a-2t\right)$$

$$\begin{aligned}S(a)=\pi\cdot QH^2&=\pi\left\{(a-t)^2+\left(\frac{a}{2}-\frac{5}{2}a+2t\right)^2\right\}\\&=\pi\{(a-t)^2+4(t-a)^2\}\\&=5\pi(a-t)^2\\&=5\pi\left(a-\frac{\sqrt{10a}}{2}\right)^2 \quad\cdots\cdots⑤\end{aligned}$$

次に，$t=OH$ と a との関係は，

$$OH^2=t^2=a^2+\left(\frac{a}{2}\right)^2 \iff t=\frac{\sqrt{5}}{2}a \quad(\because\ t>0)$$

両辺を t で微分して，

$$1=\frac{\sqrt{5}}{2}\cdot\frac{da}{dt} \iff dt=\frac{\sqrt{5}}{2}da \quad\cdots\cdots⑥$$

また，

t	0 $\longrightarrow$ k
a	0 $\longrightarrow$ $\frac{5}{2}$

$\cdots\cdots⑦$

(☆) に⑤，⑥，⑦を代入して，

$$\begin{aligned}V&=\pi\int_0^{\frac{5}{2}}5\left\{a^2-\sqrt{10}a^{\frac{3}{2}}+\frac{5}{2}a\right\}\cdot\frac{\sqrt{5}}{2}da\\&=\frac{5\sqrt{5}}{2}\pi\left[\frac{1}{3}a^3-\frac{2\sqrt{10}}{5}a^{\frac{5}{2}}+\frac{5}{4}a^2\right]_0^{\frac{5}{2}}\\&=\frac{5\sqrt{5}}{2}\pi\cdot\left(\frac{5}{2}\right)^2\cdot\left\{\frac{1}{3}\cdot\frac{5}{2}-\frac{2\sqrt{10}}{5}\cdot\sqrt{\frac{5}{2}}+\frac{5}{4}\right\}\\&=\frac{125\sqrt{5}}{8}\pi\cdot\left\{\frac{10-24+15}{12}\right\}\\&=\frac{125\sqrt{5}}{96}\pi \quad\cdots\cdots(答)\end{aligned}$$

図 7

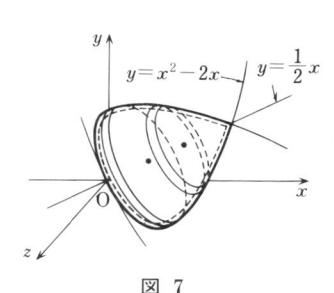

---〈練習 2・2・2〉---

だ円 $\dfrac{x^2}{6}+\dfrac{y^2}{2}=1$ を直線 $l: y=x$ を軸に回転させて得られる曲面で囲まれた立体 T の体積を求めよ．

発想法

xy 平面上のだ円を座標軸に平行でない直線 $y=x$ のまわりに回転させる問題である．それゆえ，

1. 回転軸に垂直に分割する
2. 座標軸に垂直に分割する

という2つの方法が考えられる．

しかし，前問［例題 2・2・2］でも見たように，前者の解法では，積分計算がたいへんになる．

したがって，x 軸に垂直に分割して立体 T の体積を求めよう．

そこで，着眼すべきことは，

だ円 Q ; $\dfrac{x^2}{6}+\dfrac{y^2}{2}=1$ を直線 $l: y=x$ のまわり回転したものは，Q と直線 l に関して対称なだ円 Q' ; $\dfrac{x^2}{2}+\dfrac{y^2}{6}=1$（図1に破線で記しただ円）を含んでいる．

よって，立体 T は，$Q \cup Q'$ になる領域を直線 $y=x$ のまわりに回転したものと同じである．また，$Q \cup Q'$ なる領域は，直線 $y=x$, $y=-x$ のそれぞれに関して**対称**であるから，求める体積 V は図1に斜線で示した領域を直線 l のまわりに回転して得られる立体の体積を2倍すればよい．

このように，対称性に着眼して計算量を減らすことも大切である．

解答

立体 T は平面 $y=-x$ について対称であるから，立体 T の体積は，図1の斜線部分を直線 $y=x$ を軸に回転して得られる立体の体積を2倍すればよい．

だ円 $\dfrac{x^2}{6}+\dfrac{y^2}{2}=1$ と直線 $y=x$ の交点の x 座標は，これら2式を連立して，

$$\dfrac{x^2}{6}+\dfrac{x^2}{2}=1 \iff x^2=\dfrac{3}{2}$$

$$\therefore \quad x=\pm\sqrt{\dfrac{3}{2}}$$

である．

次の2つの場合に分けて考える．

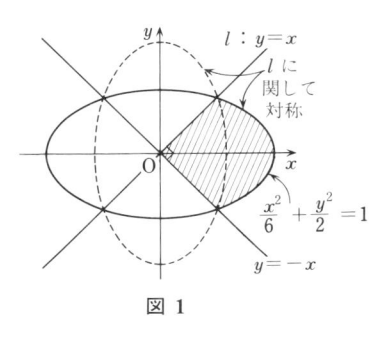

図1

(i) $0 \leq x \leq \sqrt{\dfrac{3}{2}}$ の場合

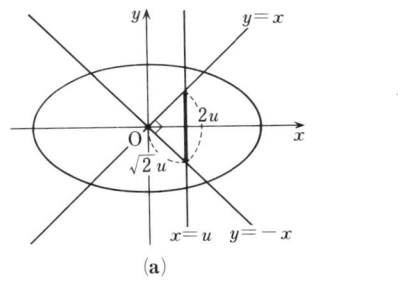

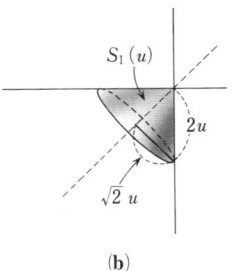

図 2

図2(a)の太線部分を直線 l を軸に回転して得られる円すい(図2(b))の側面積を $S_1(u)$ とすると,

$$S_1(u) = \pi(2u)^2 \cdot \dfrac{2\pi(\sqrt{2}u)}{2\pi(2u)} = 2\sqrt{2}\pi u^2$$

(ii) $\sqrt{\dfrac{3}{2}} \leq x \leq \sqrt{6}$ の場合

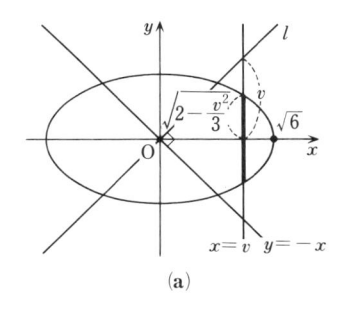

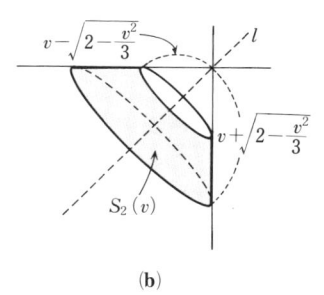

図 3

同様に,図3(a)の太線部分を直線 l を軸に回転して得られる円すい台(図3(b))の側面積を $S_2(v)$ とすると,

$$\begin{aligned} S_2(v) &= 2\sqrt{2}\pi\left[\left\{\dfrac{1}{2}\left(v+\sqrt{2-\dfrac{v^2}{3}}\right)\right\}^2 - \left\{\dfrac{1}{2}\left(v-\sqrt{2-\dfrac{v^2}{3}}\right)\right\}^2\right] \\ &= \dfrac{\sqrt{2}}{2}\pi \cdot 2\sqrt{2-\dfrac{v^2}{3}} \cdot 2v \\ &= 2\sqrt{2}\pi v\sqrt{2-\dfrac{v^2}{3}} \end{aligned}$$

よって,立体 T の体積を V とし,$\sqrt{\dfrac{3}{2}} = a$ とおくと,

$$V=\left(\int_0^a S_1(x)dx+\int_a^{\sqrt{6}} S_2(x)dx\right)\times 2$$
$$=2\cdot 2\sqrt{2}\pi\left\{\int_0^a x^2 dx+\int_a^{\sqrt{6}} x\sqrt{2-\frac{x^2}{3}}dx\right\} \quad \cdots\cdots(*)$$

ここで,

$$\int_0^a x^2 dx=\left[\frac{x^3}{3}\right]_0^a=\frac{a^3}{3}=\frac{1}{2}\sqrt{\frac{3}{2}} \quad \cdots\cdots① \quad \left(\text{ただし,}\ a=\sqrt{\frac{3}{2}}\right)$$

$$\int_a^{\sqrt{6}} x\sqrt{2-\frac{x^2}{3}}dx=-\left\{\left(2-\frac{6}{3}\right)^{\frac{3}{2}}-\left(2-\frac{a^2}{3}\right)^{\frac{3}{2}}\right\}$$
$$=\left(2-\frac{1}{3}\cdot\frac{3}{2}\right)^{\frac{3}{2}}$$
$$=\left(\frac{3}{2}\right)^{\frac{3}{2}}=\frac{3}{2}\sqrt{\frac{3}{2}} \quad \cdots\cdots②$$

ゆえに, ①, ② を (*) に代入して,

$$V=4\sqrt{2}\pi\left(\frac{1}{2}\sqrt{\frac{3}{2}}+\frac{3}{2}\sqrt{\frac{3}{2}}\right)$$
$$=4\sqrt{2}\pi\cdot 2\sqrt{\frac{3}{2}}$$
$$=8\sqrt{3}\pi \quad \cdots\cdots(答)$$

(参考のため, 立体 T の概形を図 4 に示す)

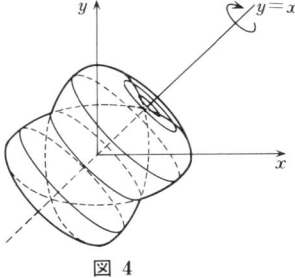

図 4

110　第2章　立体の体積の求め方

[例題 2・2・3]

　1辺の長さが1の正四面体の内部に互いに外接する2つの球 P, Q がある．球 P は，正四面体の4面全部に接し，球 Q は，正四面体の3面に接している．
(1)　球 P の体積を求めよ．
(2)　球 Q の体積を求めよ．

発想法

　3辺の長さが，それぞれ a, b, c，内接円の半径が r の三角形 ABC の面積 S は，三角形 ABC の各辺を底辺，内接円の中心を頂点とする3つの三角形に分割することにより，

$$S = \frac{r}{2}(a+b+c)$$

で求められる（図1，〈練習 2・1・4〉参照）．

　これと同様に，4つの面の面積がそれぞれ S_1, S_2, S_3, S_4 であり，内接球の半径が r の四面体 T の体積 V を求めよう．四面体 T の各面を底面とし，内接球の中心を頂点とする4つの三角すいに T を分割する．そのおのおのの三角すいの体積の和が V であるから，

$$V = \frac{r}{3}(S_1+S_2+S_3+S_4) \quad \cdots\cdots (*)$$

である（図2）．

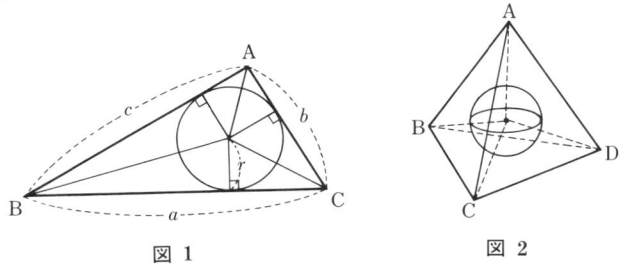

図1　　　図2

　正四面体を上述のように分割して得られる関係式（*）を利用することにより，まず，内接球 P の半径を求めよ．
　なお，正四面体において，頂点Aから底面BCDに下ろした垂線の足をHとすると，正四面体の対称性より点Hは △BCD の重心であり，垂線は，球 Q の中心，球 Q と球 P の接点，および球 P の中心を通過することに注意せよ．

解答　(1)　図3のように記号を定める．
　　　球 P の半径を r とする．正四面体 ABCD の体積を V，△ABC $(=$△ACD

§2 立体の分割のしかた　111

$=\triangle \mathrm{ABD}=\triangle \mathrm{BCD})$ の面積を S とすると，V は次の2通りに表すことができる．

まず，$V=\dfrac{1}{3}\times$(底面積)$\times$(高さ) より，

$$V=\dfrac{1}{3}\triangle \mathrm{BCD}\times \mathrm{AH}=\dfrac{S}{3}\mathrm{AH} \quad \cdots\cdots ① \quad (図4)$$

ここで，

$$\mathrm{AH}=\sqrt{\mathrm{AD}^2-\mathrm{HD}^2}$$
$$=\sqrt{1-\mathrm{HD}^2}$$

$\left(\mathrm{HD}=\dfrac{2}{3}\mathrm{MD}=\dfrac{2}{3}\mathrm{CD}\sin 60°=\dfrac{2}{3}\times 1\times \dfrac{\sqrt{3}}{2}=\dfrac{1}{\sqrt{3}} \quad だから\right)$

$$=\sqrt{1-\dfrac{1}{3}}=\sqrt{\dfrac{2}{3}}=\dfrac{\sqrt{6}}{3}$$

であるから，

$$① \iff V=\dfrac{S}{3}\times \dfrac{\sqrt{6}}{3}=\dfrac{\sqrt{6}}{9}S$$

次に，「**発想法**」の式(＊)より，

$$V=4\times \dfrac{1}{3}\times (底面積)\times (内接球の半径)$$

である．よって，

$$V=4\times \dfrac{1}{3}\times \triangle \mathrm{BCD}\times r$$
$$=\dfrac{4}{3}rS \quad\quad\quad\quad \cdots\cdots ② \quad (図5)$$

図3

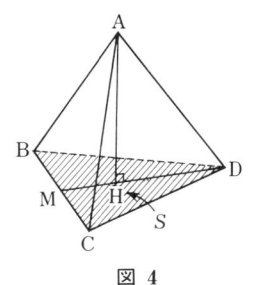

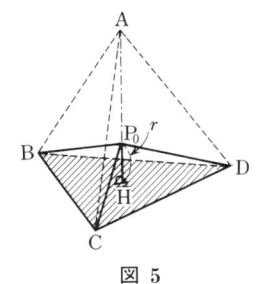

図4　　　図5

①，② は同じ立体の体積を表したものであるから，

$$\dfrac{4}{3}rS=\dfrac{\sqrt{6}}{9}S$$
$$\iff r=\dfrac{\sqrt{6}}{9}\times \dfrac{3}{4}=\dfrac{\sqrt{6}}{12}$$

よって，球 P の体積は，

$$\frac{4}{3}\pi r^3 = \frac{\sqrt{6}}{216}\pi \qquad \cdots\cdots(答)$$

(2) 球 P と球 Q の接点において球 P(球 Q) に接する平面と，正四面体 ABCD の交点を，図6のように，B′，C′，D′ とし，2球の接点を H′ とする．△BCD を含む平面と △B′C′D′ を含む平面は平行であるから，点 B′，C′，D′ は，それぞれ，辺 AB，AC，AD を等しい比で内分する．ゆえに，正四面体 ABCD と正四面体 AB′C′D′ は相似である．

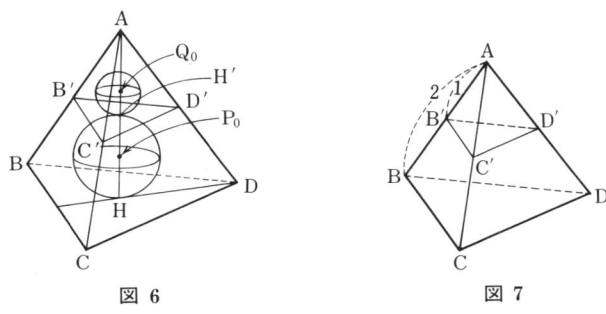

図 6 　　　図 7

$$AH' = AH - 2r = \frac{\sqrt{6}}{3} - 2 \times \frac{\sqrt{6}}{12} = \frac{\sqrt{6}}{6} = \frac{1}{2}AH$$

であるから，(正四面体 ABCD) と (正四面体 AB′C′D′) の相似比は $2:1$ であり (図7)，正四面体 ABCD の内接球の半径 r と正四面体 AB′C′D′ の内接球の半径 r' の比も $2:1$ となる．したがって，球の体積の比は，$2^3 : 1^3 = 8 : 1$

よって，球 Q の体積は，

$$\frac{1}{8} \cdot (球\ P\ の体積) = \frac{1}{8} \cdot \frac{\sqrt{6}}{216}\pi = \frac{\sqrt{6}}{1728}\pi \qquad \cdots\cdots(答)$$

§2 立体の分割のしかた

――〈練習 2・2・3〉――――――――――――――――――――
四角すい V-ABCD に関して，その底面 ABCD は正方形であり，また 4 辺 VA, VB, VC, VD の長さはすべて等しい．また，この四角すいの頂点 V から底面に下ろした垂線 VH の長さは 6 であり，底面の 1 辺の長さは，$4\sqrt{3}$ である．

辺 VH 上に VK=4 なる点 K をとり，点 K と底面の 1 辺 AB とを含む平面でこの四角すいを 2 つの部分に分けるとき，頂点 V を含む部分の体積を求めよ．
――――――――――――――――――――

発想法

相似比が $a:b$ の 2 つの立体に関して，その体積の比が $a^3:b^3$ になるという事実は，前問でも用いた．
この事実は次のように拡張できる．
『3 面を共有する三角すいにおいて（図 1），
　OA:OA′=1:a,　OB:OB′=1:b,
　OC:OC′=1:c が成り立っているとする．このとき，三角すい OABC と三角すい OA′B′C′ の体積の比は，1:abc で与えられる』　……(＊)

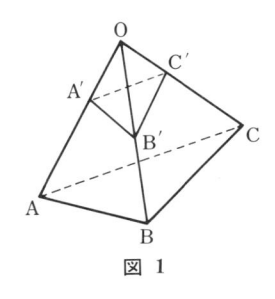

図 1

任意の多角すいはいくつかの三角すいに分割することができるので，四角すい V-ABCD を三角すいに分割することにより，四角すいの体積を求めればよい．

解答　まず，体積を求める立体の概形を確認する．
点 K と底面 ABCD の 1 辺 AB を含む平面と，辺 VC, VD の交点をそれぞれ点 P，Q とする（図 2）．

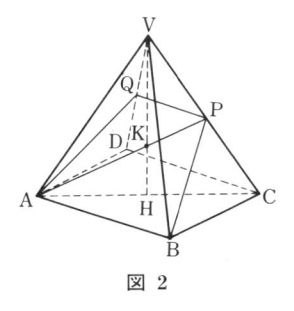

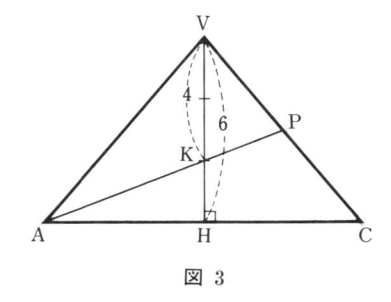

図 2　　　図 3

「発想法」の，(＊)を適用するために四角すい V-ABCD を 2 つの三角すい V-ABC, V-ACD に分割し，その切り口にあたる △VAC を考察する（図 3）．
点 K は，二等辺三角形 VAC の中線 VH を 2:1 に内分するので，△VAC の重心

である．ゆえに，重心 K を通る直線 AK も △VAC の中線だから，点 P は辺 VC の中点である．

同様にして，△VBD を考えれば，点 Q が辺 VD の中点であることもわかる．

次に，(*) を適用し，四角すい V-ABPQ の体積を求める (図 4)．

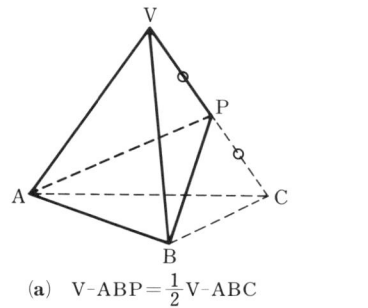

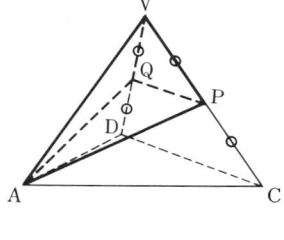

(a)　V-ABP $= \dfrac{1}{2}$ V-ABC

(b)　V-APQ $= \dfrac{1}{4}$ V-ACD

図 4

$$\begin{aligned}(\text{V-ABPQ}) &= (\text{V-ABP}) + (\text{V-APQ}) \\ &= \frac{1}{2}(\text{V-ABC}) + \frac{1}{4}(\text{V-ACD}) \\ &= \frac{1}{2} \cdot \frac{1}{2}(\text{V-ABCD}) + \frac{1}{2} \cdot \frac{1}{4}(\text{V-ABCD}) \\ &= \frac{3}{8}(\text{V-ABCD}) \\ &= \frac{3}{8}\left\{(4\sqrt{3})^2 \times 6 \times \frac{1}{3}\right\} = \mathbf{36} \qquad \text{……(答)}\end{aligned}$$

§2 立体の分割のしかた   115

[例題 2・2・4]
不等式
$$x^2+y^2 \leq a^2 \quad \cdots\cdots ①$$
$$x^2+z^2 \leq a^2 \quad \cdots\cdots ②$$
$$y^2+z^2 \leq a^2 \quad \cdots\cdots ③$$
をみたす点 (x, y, z) の集合からなる立体を T とする．
(1) 立体 T の第1象限の部分の概形を描け．
(2) 立体 T の体積を求めよ．

発想法

T の体積は，概形がわからなくても"平面スライス型分割法"により求めることはできる．しかし，T を $z=$(一定)（または，$x=$(一定)，$y=$(一定)）の平面で切った切り口は z の値によって形が異なり，かつ，曲線が現れる（図1）ので，切り口の面積を求める計算や体積を求める積分の計算が複雑になると予測される．

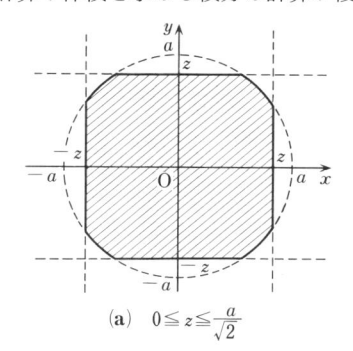

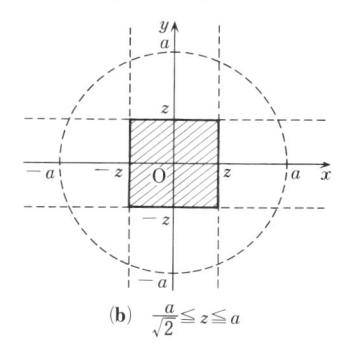

(a) $0 \leq z \leq \dfrac{a}{\sqrt{2}}$ (b) $\dfrac{a}{\sqrt{2}} \leq z \leq a$

図 1

このようなとき，立体 T の概形がわかる（描ける）人は，その概形を見ながら，立体の都合のよい分割法を発想し，煩雑な計算を回避できる（(1)は，そのための誘導である）．

以下，立体 T の概形のイメージをつかむための方法を列挙する．

[方法1] xyz 座標空間において，方程式 $x^2+y^2=a^2$ の表す図形は，z が任意であることから，図2に示すような円柱面である．

よって，不等式 ① は，この円柱面で囲まれる立体（円柱）を表す．これを S_1 とする．

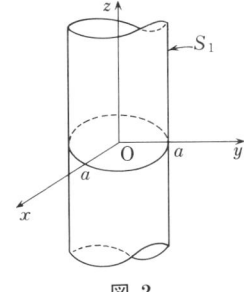

図 2

同様に，不等式②，③は，それぞれ図3のような円柱面で囲まれる円柱を表す．これらを，それぞれ S_2, S_3 とする．

立体 T は，立体 S_1, S_2, S_3 の共通部分 ($S_1 \cap S_2 \cap S_3$) である．

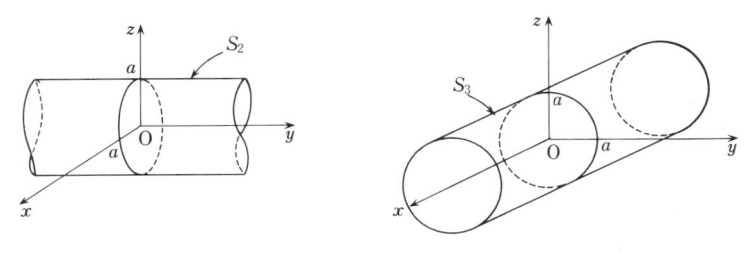

図 3

[**方法 2**]　[方法 1] で述べた情報だけからでは，立体 T の第 1 象限の部分の概形を描けない人は，大きな消しゴムを円柱状の型で真上・真横・真正面の 3 方向から切断し，立体 T のモデルを作るとよい (図 4)．

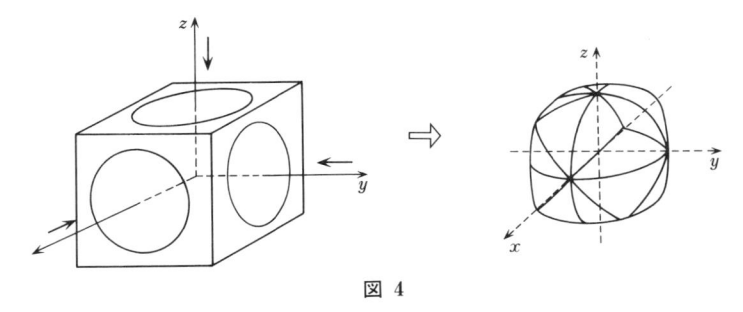

図 4

上述の方法などから，立体 T のイメージをつかんだ人は，図 5 のような "栗" のような形をした立体を描くことができるだろう．

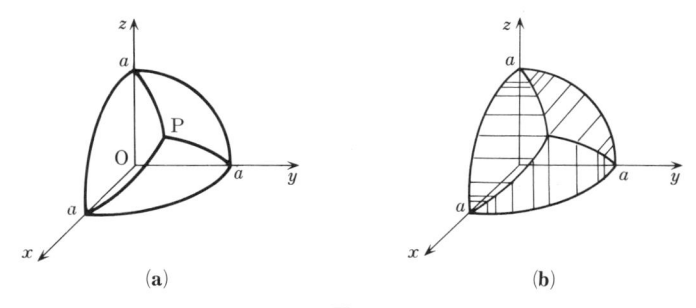

(a)　　　　　　　(b)

図 5

(これは蛇足であるが，立体らしく描くためには，遠近感を表現することが大切であ

る．そのためには，輪郭だけ (図 5 (a)) でなく，ある平面による切り口を表す補助線をかき込むとよい (図 5 (b))．

図 5 より，立体 T の体積は，描写した第 1 象限の部分の体積を 8 倍すればよいことがわかる．

最後に，第 1 象限の部分の体積を求める方法を考えよう．図 6 より，立体 T の第 1 象限の部分を図 6 のように，4 つの部分 T_1, T_2, T_3, T_4 に分割するとよい．立体 T_1 は 1 辺の長さ $\frac{a}{\sqrt{2}}$ の立方体，立体 T_2, T_3, T_4 は，図形の対称性により合同であり，座標軸に垂直な平面による切り口が正方形となるので，この部分の体積は "平面スライス型分割法" により容易に求めることができる．

解答 (1) 図 5 が (答)，ただし，図 5 (a) に示す点 P の座標は $\left(\dfrac{a}{\sqrt{2}}, \dfrac{a}{\sqrt{2}}, \dfrac{a}{\sqrt{2}}\right)$ である．

(∵ 立体 T は直線 $x=y=z$ に関して対称)　　(「**発想法**」参照)

(2) 立体 T_1, T_2 の体積を，それぞれ V_1, V_2 とする (図 6)．立体 T の体積を V とすると，
$$\frac{V}{8} = V_1 + 3V_2 \quad \cdots\cdots (*)$$
である．立体 T_1 は 1 辺の長さ $\dfrac{a}{\sqrt{2}}$ の立方体だから，その体積 V_1 は，
$$V_1 = \left(\frac{a}{\sqrt{2}}\right)^3 = \frac{\sqrt{2}}{4} a^3 \quad \cdots\cdots ①$$

また，立体 T_2 を平面 $x = ($一定$)$ $\left(\dfrac{a}{\sqrt{2}} \leq x \leq a\right)$ で切った切り口 (図 7) の面積を $S(x)$ とすると，
$$S(x) = (\sqrt{a^2 - x^2})^2 = a^2 - x^2$$
よって，立体 T_2 の体積 V_2 は，
$$V_2 = \int_{\frac{a}{\sqrt{2}}}^{a} S(x) dx = \int_{\frac{a}{\sqrt{2}}}^{a} (a^2 - x^2) dx = \left[a^2 x - \frac{x^3}{3}\right]_{\frac{a}{\sqrt{2}}}^{a}$$
$$= a^2\left(a - \frac{a}{\sqrt{2}}\right) - \frac{1}{3}\left(a^3 - \frac{a^3}{2\sqrt{2}}\right)$$
$$= \left(\frac{2}{3} - \frac{5\sqrt{2}}{12}\right) a^3 \quad \cdots\cdots ②$$

以上より，求める体積 V は，①，② を $(*)$ に代入して，
$$\frac{V}{8} = V_1 + 3V_2 = \frac{\sqrt{2}}{4} a^3 + 3\left(\frac{2}{3} - \frac{5\sqrt{2}}{12}\right) a^3$$
$$= (2 - \sqrt{2}) a^3$$
$$\therefore \quad \boldsymbol{V = 8(2 - \sqrt{2}) a^3} \quad \cdots\cdots (答)$$

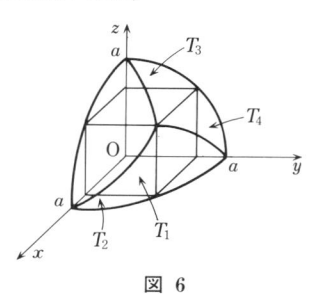

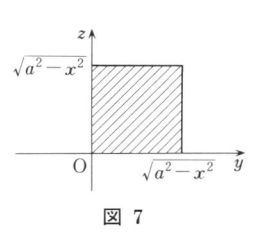

図 6

図 7

〈練習 2・2・4〉

不等式
$$|x| + |y| \leq 1 \quad \cdots\cdots ①$$
$$|y| + |z| \leq 1 \quad \cdots\cdots ②$$
$$|z| + |x| \leq 1 \quad \cdots\cdots ③$$
をみたす点 (x, y, z) の集合からなる立体を K とする.
(1) 立体 K の第1象限の部分の概形を描け.
(2) 立体 K の体積を求めよ.

発想法

[**方針1**] 不等式①,②,③ は,それぞれ中心軸に垂直な切り口の形が1辺の長さ $\sqrt{2}$ の正方形であるような(無限)四角柱を表す.それらの共通部分が立体 K である.前問[例題2・2・4]の発想法で述べた方法に従って解答せよ.

[**方針2**] 本問は,"平面スライス型分割法" を実行しても,比較的容易に解くことができる.どうしても立体のイメージが湧かない人は,"平面スライス型分割法" による「**別解**」を参照されたい.

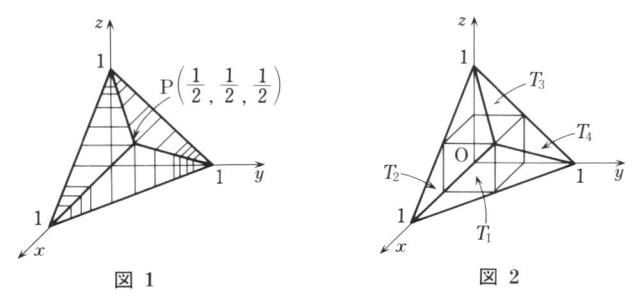

図 1   図 2

解答 (1) 3つの平面の交点 P の座標は,立体 K が直線 $x=y=z$ $\cdots\cdots④$ に対称であることより,④ と $x+y=1$ を連立して $x=y=z=\dfrac{1}{2}$ である.図1が(**答**).

(2) 図2のように,立体 T の第1象限の部分を4つの部分 T_1, T_2, T_3, T_4 に分割する.立体 T_2, T_3, T_4 は,図形の対称性により,合同である.立体 T_1, T_2 の体積を,それぞれ V_1, V_2 とする.このとき,立体 T の体積を V とすると,

$$\dfrac{V}{8} = V_1 + 3V_2 \quad \cdots\cdots(*)$$

である.立体 T_1 は1辺の長さが $\dfrac{1}{2}$ の立方体なので,

$$V_1 = \left(\dfrac{1}{2}\right)^3 = \dfrac{1}{8} \quad \cdots\cdots ①$$

立体 T_2 は，底面が 1 辺の長さ $\frac{1}{2}$ の正方形，高さが $\frac{1}{2}$ の四角すいである．よって，

$$V_2 = \frac{1}{3} \times \left(\frac{1}{2} \times \frac{1}{2}\right) \times \frac{1}{2} = \frac{1}{24} \quad \cdots\cdots ②$$

したがって，求める体積 V は，①，② を (*) に代入して，

$$\frac{V}{8} = \frac{1}{8} + 3 \times \frac{1}{24} = \frac{1}{4}$$

$$\therefore \quad V = 2 \quad \cdots\cdots (答)$$

【別解】 (2) 図形の対称性により，立体 K の第 1 象限の部分の体積を 8 倍することにより，立体 K の体積を求めることができる．

第 1 象限 ($x \geqq 0$, $y \geqq 0$, $z \geqq 0$) において，不等式 ①，②，③ はそのまま絶対値記号をはずしてよい．このとき，

$$\begin{cases} x+y \leqq 1 & \cdots\cdots ①' \\ y+z \leqq 1 & \cdots\cdots ②' \\ z+x \leqq 1 & \cdots\cdots ③' \end{cases}$$

となる．①'〜③' より，立体 T の第 1 象限の部分を，平面 $z=$ (一定) で切った切り口は，図 3 の斜線部である．

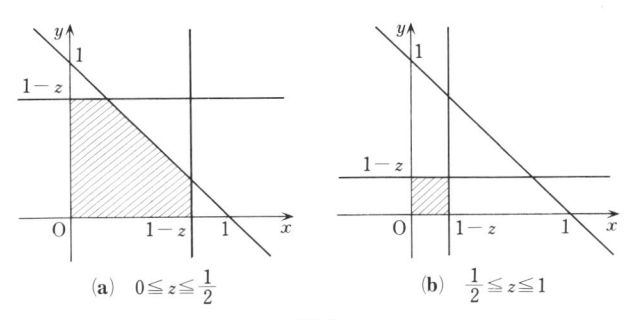

(a) $0 \leqq z \leqq \frac{1}{2}$ (b) $\frac{1}{2} \leqq z \leqq 1$

図 3

よって，$0 \leqq z \leqq \frac{1}{2}$ のときの切り口の面積を $S_1(z)$，$\frac{1}{2} \leqq z \leqq 1$ のときの切り口の面積を $S_2(z)$ とすると，

$$S_1(z) = \frac{1}{2} - z^2, \quad S_2(z) = (1-z)^2$$

立体 T の体積を V とすると，

$$\frac{V}{8} = \int_0^{\frac{1}{2}} S_1(z)\,dz + \int_{\frac{1}{2}}^1 S_2(z)\,dz = \int_0^{\frac{1}{2}} \left(\frac{1}{2} - z^2\right) dz + \int_{\frac{1}{2}}^1 (1-z)^2\,dz$$

$$= \left[\frac{1}{2}z - \frac{z^3}{3}\right]_0^{\frac{1}{2}} - \left[\frac{(1-z)^3}{3}\right]_{\frac{1}{2}}^1 = \frac{1}{4}$$

$$\therefore \quad V = 2 \quad \cdots\cdots (答)$$

120　第2章　立体の体積の求め方

[例題 2・2・5]

1辺の長さが1の立方体を，縦に k 個，横に l 個，高さ m 個並べてつくった直方体 $B(k, l, m)$, $(2 \leq k, l, m)$ を考える．図Aに示す（4個，または5個の単位立方体からつくられた）3種類のブロック B_1, B_2, B_3 を適当に組み合わせて $B(k, l, m)$ と同じ大きさの直方体がつくれることを示せ．

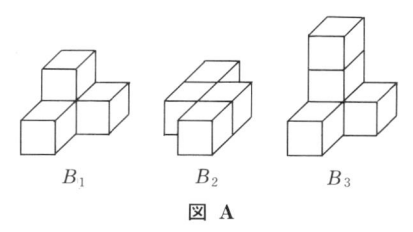

図A

発想法

まず，B_1, B_2, B_3 のブロックを実際に角砂糖などを利用してつくり，実際に直方体 $B(k, l, m)$, $(2 \leq k, l, m)$ を構成できることを確認しよう．

その際，どのような規則性があるのかをしっかりとつかむことが大切である．

大きなサイズの任意の直方体 $B(k, l, m)$ が，3種類のブロック B_1, B_2, B_3 をつかって構成できるか否かを判定するのは難しそうだ．そこで，任意の直方体 $B(k, l, m)$, $(2 \leq k, l, m)$ が，縦，横，高さをそれぞれ長さが2または3に分割することにより，小直方体（縦，横，高さは，いずれも長さが2または3）に分割できることを利用しよう（《図1参照．詳しくは，後述の(**補足**)を見よ》）．そのように考えると，小直方体のおのおのがブロック B_1, B_2, B_3 で構成できることを示せば，元の大きな直方体 $B(k, l, m)$ もそれらのブロックを組み合わせて構成でき，題意が示せたことになる．

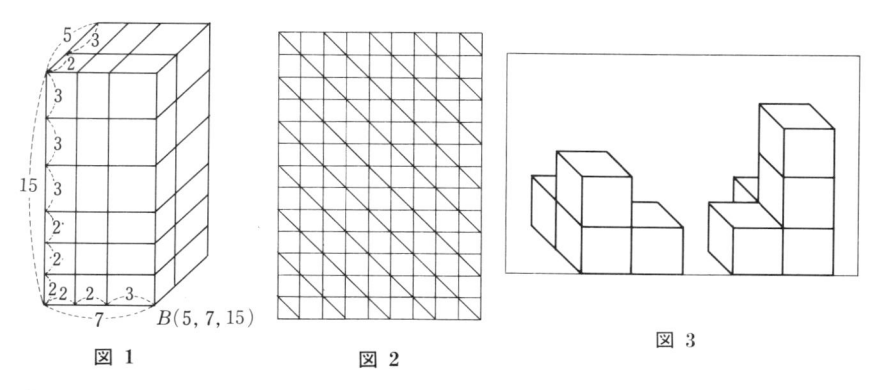

図1　　図2　　図3

（なお，図2を"下敷き"に用いると，正確な図を描くことができる（たとえば図3））

[解答] 任意の直方体 $B(k, l, m)$ は，4 種類の直方体 $B(2, 2, 2)$, $B(2, 3, 2)$, $B(2, 3, 3)$, $B(3, 3, 3)$ に分解できる（理由は，後述の**(補足)**の項を参照せよ）．さらに，これら 4 種類の直方体のいずれをも 3 種類のブロック B_1, B_2, B_3 を用いて，以下のように組み合わせて作ることができる（図 4）．

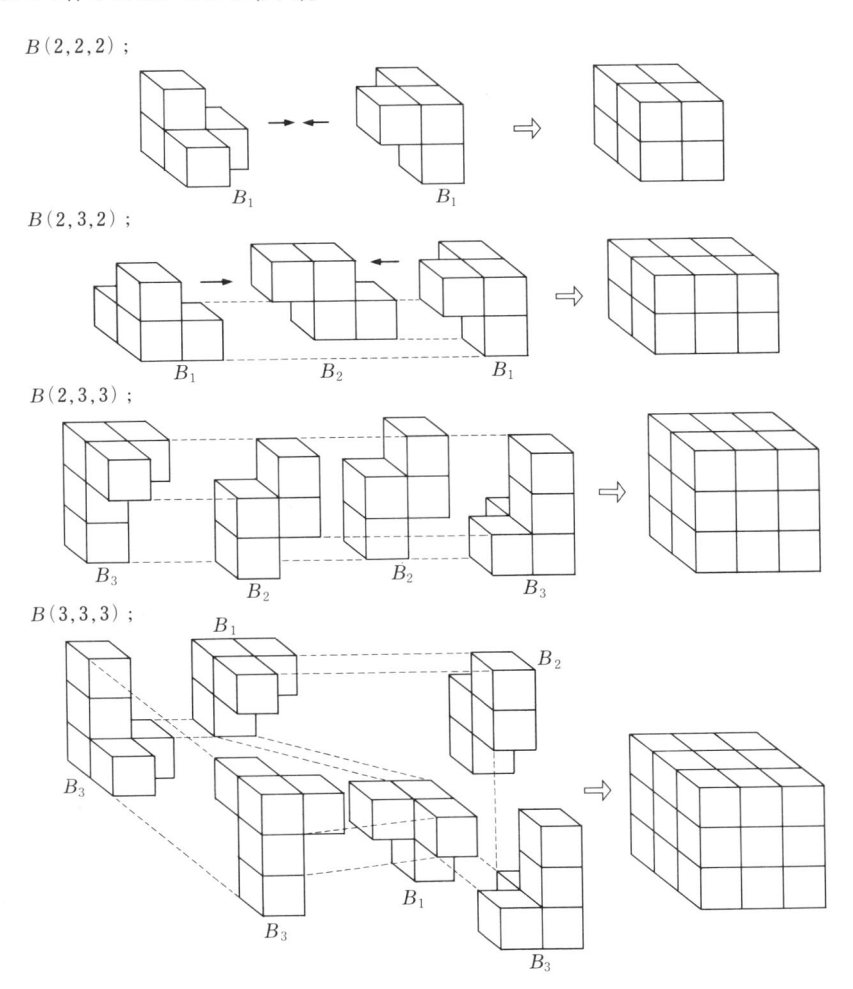

$B(2, 2, 2)$;

$B(2, 3, 2)$;

$B(2, 3, 3)$;

$B(3, 3, 3)$;

図 4

（補足）

任意の直方体 $B(k, l, m)$, $(k, l, m \geqq 2)$ が4種類の直方体 $B(2, 2, 2)$, $(2, 3, 2)$, $(2, 3, 3)$, $(3, 3, 3)$ に分割できることは，以下のように考えれば，納得がいくであろう．

任意の直方体 $B(k, l, m)$ を，まず，k 方向に 2 または 3 ずつの間隔に切れ目を入れていく（このとき，任意の 2 以上の整数は，2 の倍数と 3 の倍数の和で表せる事実により，1 個だけ余ってしまうようなことはない）．

例　$B(7, 13, 9)$ の場合

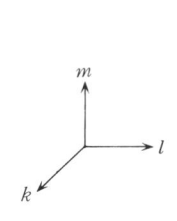

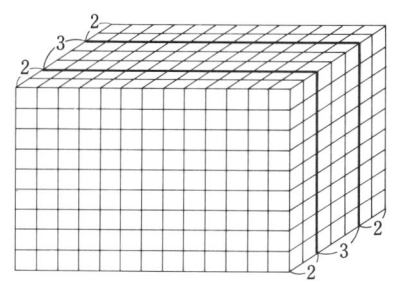

図 5　まず，k 方向に，2, 3, 2 の間隔に切れ目を入れた．

次に，同様にして，l 方向，m 方向それぞれの方向に 2 個，または 3 個の間隔に切れ目を入れていく（図 6, 7）．

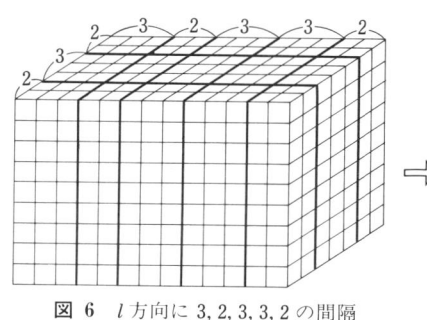

図 6　l 方向に 3, 2, 3, 3, 2 の間隔に切れ目を入れた．

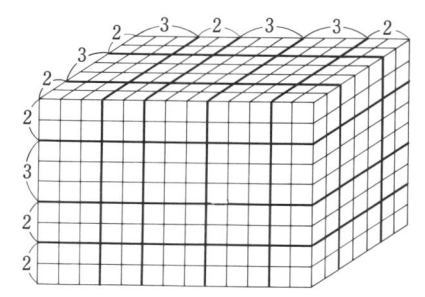

図 7　m 方向に 2, 3, 2, 2 の間隔に切れ目を入れた．

そのように 3 方向すべてに切れ目を入れたときに得られる任意の小直方体は，縦，横，高さがいずれも 2 または 3 の直方体，

すなわち，　$B(2, 2, 2)$, $B(2, 3, 2)$, $B(3, 2, 2)$,
　　　　　　$B(2, 2, 3)$, $B(3, 3, 2)$, $B(3, 2, 3)$,
　　　　　　$B(2, 3, 3)$, $B(3, 3, 3)$

の 8 種類の小直方体に分割できるわけである．

しかし，図8に示すように，$B(2,3,2)$ で，$B(2,2,3)$ と $B(3,2,2)$ を代用でき，同様に，$B(2,3,3)$ で，$B(3,3,2)$ と $B(3,2,3)$ を代用できる．よって，

$B(2,2,2), B(2,3,2), B(2,3,3), B(3,3,3)$ の4種類の直方体の組合わせによって，任意の直方体 $B(k,l,m)$ をつくることができるのである．

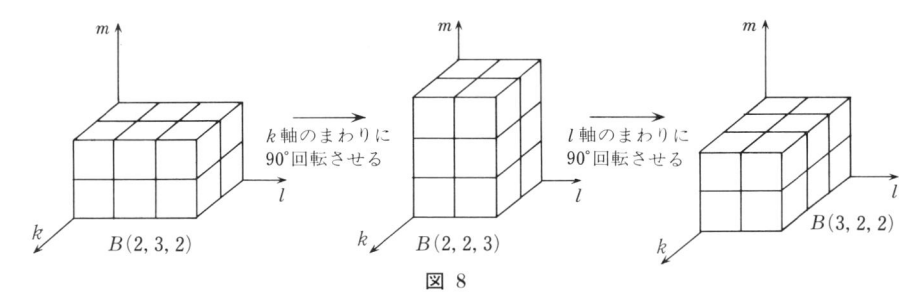

図 8

あ と が き

　数学の考え方を身につけさせることに主眼をおき，正答に至るプロセスを，紙面を惜しまずに解説するという贅沢な本はそうザラにはない．そこで，数学の考え方を習得させることだけに焦点を絞り，その結果として，読者の数学的能力を啓発することができるような本の出現が期待されていた．そんな本の執筆を駿台文庫と約束して以来，早5年の歳月が流れた．本シリーズの執筆に際し，考え方を能率的に習得させるという方針を貫いたために，テーマ別解説に従う既成の枠を逸脱せざるを得なくなったり，当初1,2冊だけを刊行する予定であったのを，可能な限りの完璧さを目指したため全6巻のシリーズに膨れあがったり，それにも増して，筆者の力不足と怠慢とが相まって，刊行が大幅に遅れてしまった．それによって本書の出版に期待を寄せていただいた関係者各位に多大な迷惑をかけてしまったことをここにお詫び申し上げる次第である．本シリーズの上述に掲げた目標が真に達成されたか否かは読者の判断を仰ぐしかないが，万一，本シリーズが読者の数学に対する苦手意識を払拭し，考え方の習得への手助けとなり，数学が得意科目に転じるきっかけになるようなことがあれば，筆者の望外の喜びとするところである．

　本シリーズ執筆の段階で，数千ページに及ぶ読みにくい原稿を半年以上もかけて何度も繰り返し丹念に読み通し，多くの貴重なアドバイスを寄せて下さった駿台予備学校の講師の方々，とりわけ下村直久，酒井利訓両氏の献身的努力に衷心より感謝申し上げます．また，読者の立場から本シリーズの原稿を精読し，解説の曖昧な箇所，議論のギャップなどを指摘し，本書を読みやすくすることに努めて下さった松永清子さん(早大数学科学生)，徳永伸一氏(東大基礎科学科学生)，朝倉徳子さん(東大理学部学生)の尽力なくしては，本シリーズはここに存在しえなかったことも事実です．
　さらに，梶原健氏(東大数学科学生)，中須やすひろ氏(早大数学科学生)，石上嘉康氏(早大数学科学生)および伊藤賢一氏(東大理科Ⅰ類学生)らを含む数十万人にものぼる駿台予備学校での教え子諸君からの，本シリーズ作成の各局面における，直接的または間接的な協力，激励，コメントなども筆者にとって大きな支えになりました．5年余もの間，辛抱強くこの気ままな冒険旅行につきあい，終始本シリーズの刊行を目指す羅針盤の役をして下さった駿台文庫編集部原敏明氏に深遠なる感謝の意を表する次第であります．
　最後に，本シリーズの特色のひとつである"ビジュアルな講義"を紙上に美しく再現して下さったイラストレーターの芝野公二氏にも心よりの感謝を奉げます．

平成元年5月
大道数学者
秋山　仁

重要項目さくいん

か　行

偶奇性　　　　　……………… 37

た　行

トンガリ帽子型分割法 ……………… 92

は　行

バームクーヘン型分割法 …………… 90
平面群　　　　　 ……………… 25, 27
平面スライス型分割法 ……………… 63

や　行

雪だるま型分割法 ……………… 88

ら　行

隣接性　　　　　……………… 24

著者略歴

秋山　仁（あきやま・じん）
　ヨーロッパ科学アカデミー会員．
　東京理科大学理数教育研究センター長，近代科学資料館長，
　数学体験館長，駿台予備学校顧問．
　グラフ理論，離散幾何学の分野の草分け的研究者．1985年
　に欧文専門誌 "Graphs & Combinatorics" を Springer 社より
　創刊．グラフの分解性や因子理論，平行多面体の変身性や分
　解性などに関する百数十編の論文を発表．海外の数十ヶ国の
　大学の教壇に立つ．1991年より NHK テレビやラジオなど
　で，数学の魅力や考え方をわかりやすく伝えている．著書に
　『数学に恋したくなる話』(PHP研究所)，『秋山仁のこんな
　ところにも数学が！』(扶桑社)，『Factors & Factorizations of
　Graphs』(Springer)，『A Day's Adventure in Math Wonderland』
　(World Scientific) など多数．

編集担当	上村紗帆（森北出版）
編集責任	石田昇司（森北出版）
印　　刷	株式会社日本制作センター
製　　本	同

発見的教授法による数学シリーズ 5
立体のとらえかた　　　　　　　　　　© 秋山　仁　2014

2014年4月28日　第1版第1刷発行　　【本書の無断転載を禁ず】
2019年12月20日　第1版第3刷発行

著　者　　秋山　仁
発行者　　森北博巳
発行所　　森北出版株式会社
　　　　　東京都千代田区富士見 1-4-11（〒102-0071）
　　　　　電話 03-3265-8341／FAX 03-3264-8709
　　　　　https://www.morikita.co.jp/
　　　　　日本書籍出版協会・自然科学書協会　会員
　　　　　JCOPY　<（一社）出版者著作権管理機構　委託出版物>

落丁・乱丁本はお取替えいたします．
Printed in Japan／ISBN978-4-627-01251-6

別巻1　1次変換のしくみ

1. **直線のベクトル表示と不動直線のしくみ**
   1. 1次変換によって向き不変のベクトルを捜せ
   2. 不動直線のメカニズム
   3. 行列の n 乗の求め方のカラクリ

2. **1次変換の幾何学的考察のしかた**
   1. 合同(等長)1次変換と相似(等角)1次変換を表す行列の判定法とそれらの性質の利用
   2. 対称な形の行列(対称行列)は回転行列によって対角化せよ
   3. 射影を表す行列の見抜き方と，どの方向に沿ってどの直線に射影されるのかの判定法
   4. 図形の1次変換による面積と向きの変化

別巻2　数学の計算回避のしかた

1. **次数の考慮**
   1. 解と係数の関係を利用せよ
   2. 2次以上の計算を回避せよ
   3. 接することを高次の因数で表せ
   4. 積や商は対数をとれ

2. **図の利用**
   1. 計算のみに頼らず，グラフを活用せよ
   2. 傾きに帰着せよ

3. **対称性の利用**
   1. 基本対称式の利用
   2. 対称図形は基本パターンに絞れ
   3. 折れ線は折り返し(フェルマーの原理)
   4. 3次関数は点対称性を利用せよ
   5. 関数とその逆関数は線対称

4. **やさしいものへの帰着**
   1. 整関数へ帰着せよ
   2. 三角関数は有理関数へ帰着せよ
   3. 楕円は円に帰着せよ
   4. 正射影を利用せよ
   5. 変数の導入を工夫せよ
   6. 相加・相乗平均の関係を利用せよ

5. **置き換えや変形の工夫**
   1. 先を見越した式の変形をせよ
   2. ブロックごとに置き換えよ
   3. 円やだ円は極座標で置き換えよ
   4. $\cos\theta + \sin\theta = t$ と置け
   5. 情報を文字や記号に盛り込め

6. **積分計算の簡略法**
   1. 奇関数・偶関数の性質の利用
   2. 積分区間の分割を回避せよ
   3. $\int_\alpha^\beta (x-\alpha)(x-\beta)dx = -\frac{1}{6}(\beta-\alpha)^3$ を利用せよ
   4. $\int_\alpha^\beta (x-\alpha)^m (\beta-x)^n dx$ は公式に持ち込め
   5. $\sqrt{a^2-x^2}$ の積分は扇形に帰着せよ
   6. 積分を避け，台形や三角形に分割せよ